오늘의 지구를 말씀드리겠습니다

오늘의 지구를 말씀드리겠습니다
—과학으로 읽는 지구 설명서

1판 1쇄 | 2012년 6월 15일 1판 13쇄 | 2020년 7월 20일

지은이 | 김추령 그린이 | 박순구
펴낸이 | 조재은 편집부 | 김명옥 육수정
영업관리부 | 조희정 정영주

펴낸곳 | (주)양철북출판사
등록 | 2001년 11월 21일 제25100-2002-380호
주소 | 서울시 마포구 양화로8길 17-9
전화 | 02-335-6407 팩스 | 0505-335-6408
전자우편 | tindrum@tindrum.co.kr
ISBN | 978-89-6372-062-3 03400 값 | 12,000원

편집 | 김인정 표지 디자인 | 오필민

오늘의 지구를 말씀드리겠습니다
과학으로 읽는
지구 설명서
김추령 지음
양철북

머리말

책상 위에 의자가 하나 올려져 있다. 그 의자 위에서 작은 구슬이 굴러 떨어진다. 떨어진 구슬은 책상 위에 있던 숟가락의 손잡이를 친다. 숟가락에 얹혀 있던 구슬이 붕 날아올라 깔때기 속으로 떨어진다. 구슬은 깔때기 안에서 데구루루 몇 바퀴를 돌더니 아래로 떨어진다. 떨어진 구슬은 지그재그로 놓여 있는 레일을 타고 아래쪽으로 내려간다. 레일을 벗어난 구슬은 줄 지어 있던 블록을 차례로 넘어뜨린다. 마지막에 놓여 있던 블록이 넘어지며 바퀴 달린 장난감 자동차가 서서히 굴러간다…….

연쇄적인 반응 장치를 구조적으로 만든 골드버그 장치의 한 장면이에요. 우리가 느끼던 느끼지 못하던 지구도 골드버그 장치처럼 하나의 시스템입니다. 모든 것이 서로 연결되어 영향을 주고받으며 존재합니다. 오늘날 지구의 기후가 변하면서 나타난 다양한 환경 재앙도 이런 연결 장치의 작동 결과입니다. 어디에선가 언제인가 무엇인가 때문에 최초의 구슬이 움직이게 된 것이지요. 그 구슬은 무엇이었고, 또 구슬로 인해 어떤 일들이 생겼고, 앞으로 더 생기게 될까요?

《오늘의 지구를 말씀드리겠습니다》는 과학책입니다. 오늘의 지구가 겪는 변화의 모습을 과학으로 설명하고 있습니다. 하지만 이 책의 출발과 중심은 기후 변화입니다. 기후 변화를 일으킨 방아쇠는 여러 가지 지구 시스템의 작동 장치를 건드리면서 변화무쌍한 모습으로 나타나고 있습니다. 한쪽에서는 폭우가, 또 다른 한쪽에서는 가뭄이 일어납니다. 또 생태계도 이러저러한 변화를 겪게 됩니다. 뿐만 아니라 인간 사회에 다양한 정치적 문제와 전쟁을 일으키기도 합니다. 이 책은 이런 기상 현상, 생태계의 변화, 전쟁, 기아 같은 다양한 현상을 이야기하고 또 그 원인을 가능한 쉽고 친절하게 설명하고 있습니다.

또한 이 책은 느낌을 가지고 읽어야 하는 책입니다. 물론 이 책이 사랑을 이야기하는 소설은 아닙니다. 지구에서 살아가는 수많은 생명체들은 기후 변화 과정에서 아파하거나 힘들어하고 있습니다. 오늘 우리가 사는 지구의 모습이지요. 그런데 이런 아픔은 쉽게 느껴지지 않는 경우가 많습니다. 하지만 우리가 희망을 이야기하고 대안을 만들어 내며 실천하기 위해서는 먼저 공감을 할 수 있어야 합니다. 지구, 그리고 그 안의 생명체들, 다시 말해 나와 연결된 다양한 것들의 아픔과 어려움을 볼 수 있고, 느낄 수 있고, 들을 수 있는 공감 능력을 키우는 것부터 시작해야 비로소 희망을 볼 수 있게 될 것입니다.

공감하고 이해하고 희망을 만드는 일이 쉽지는 않습니다. 지구를 들어 올리겠다고 큰소리쳤던 철학자를 아시지요? 아르키메데스는 충분히 긴 지렛대만 있다면 지구를 들어 올릴 수 있다고 말했습니다. 이론적으로 그럴 수 있다는 이야기지요. 하지만 새봄, 이렇게 쉽지 않은 일을 이론이 아니라 실제로 행하며 지구를 번쩍 들어 올리고 있는 것이 있어요. 지구를 들어 올리며 땅을 뚫고 올라오고 있는 새싹입니다.

이 책을 읽는 모든 분들이 새싹의 힘을 믿게 되기를 바랍니다.

2012년 5월, 김추령

차 례

1장

이곳은 쿠부치사막, 흑풍이 불어닥치고 있습니다

_기후 변화와 늘어나는 사막

흑풍이 불어닥친다

떠 있는 해가 무색하다. 밤도 아닌데 세상은 이미 어둠을 맞아들였다. 깊은 바닥에서 끌어올린 듯한 바람 소리가 세상을 잡아먹을 듯이 윙윙거리고 있다.

끼이익. 한 남자가 힘겹게 문을 밀고 들어서더니 촉 낮은 전등 불빛 아래에서 구석에 놓여 있는 물그릇을 찾아 들고는 눈을 씻어 낸다. 이내 물을 한 모금 삼키더니 뱉어 낸다. 뱉어 낸 물이 누렇다. 입안에 들어간 모래 때문일 게다. 남자는 이제 몸에 붙어 있는 모래를 떨어 낸다. 모자를 벗어 털고, 겉옷을 벗어 털고, 장화를 벗어서 뒤집어 털고……. 그때마다 누런 모래가 쏴르르 한 뭉텅이씩 떨어진다.

"오늘도 바람이 심상치 않아요."

누구에게 하는 소리일까? 호롱불을 켜도 컴컴한 한낮의 집 안. 아무도 없는 듯했는데 구석에서 남자의 아내가 몸을 일으켜 다가온다.

"저번 황사가 분 지 얼마나 됐다고 또……. 오늘도 한바탕 난리가 날 것 같네요. 도대체 이놈의 황사는……. 그런데 어쩌지요. 국수를 삶았는데 모래가 서걱거려요. 이제는 밥도 마음 놓고 못 하겠어요."

아내는 화덕 위에 있는 냄비에서 김이 모락모락 나는 국수를 그릇 가득 퍼 와서 조심스레 남편 앞에 내민다. 남자는 아무 소리 없이 국수 그릇을 당겨서 긴 젓가락을 휘저어 후루룩 국수를 먹는다. 그 옆에서 아내도 국수 한 그릇을 떠서 같이 먹는다. 사내가 국수를 씹다 순간 얼굴을 찡그린다. 그러다 곧 체념한 듯 국수를 삼킨다. 아마도 모래를 씹었으리라.

"여보, 형님네서는 연락이 있나요? 이제는 가축들이 먹을 풀은 고사하고 먹을 물도 구하기 힘들잖아요. 더는 힘들 것 같아요. 정부에서도 이 지역에 가축을 풀어 키우는 것을 금지시킨다는 이야기가 있어요."

모래바람이 요즘에만 이렇게 부는 게 아니다. 이 지역은 오래전부터 모래바람이 불었다. 사막에서 모래바람이 부는 것은 오히려 자연스러운 일이다. 하지만 10년 전부터 모래바람은 사람 목숨을 위협할 정도로 심해졌다. 마을에는 빈집이 늘어가고, 외지하고 왕래도 끊어지고 있다.

"오늘도 나무를 심더군."

"아휴, 이를 어째. 말려도 듣지를 않으니 어쩌면 좋아요."

"위펑허네 부부, 그러다가 몸이나 상하지 않을는지."

"자식을 앞세운 부모 맘을 이해 못 하는 건 아니지만, 왜 아무짝에도 소용없는 짓을 하는지……."

한눈에 봐도 죽은 나무들이다. 한쪽 언덕에 50cm가 채 안 되는 어린나무들이 꼬챙이처럼 말라서 비스듬하게 서 있다. 죽은 나무들 곁에 아직 파란 싹이 보이는 나무들이 서로 기대어서 모래바람을 피하기라도 하려는 듯 바짝 붙어 서 있다. 작은 덤불들이 바람을 따라 이리저리 날아다니고 있다. 도대체 살아 있는 것이라곤 하나도 없을 것 같은데 그림자 두 개가 움직이고 있다. 아주 오랫동안 그곳에 있었던 것 같다. 느리지만 한순간도 멈추지 않고 움직이고 있다. 두 개의 그림자는 나무를 심고 있었다. 한 사람이 구덩이를 판다. 어린나무를 심는다고 하기엔 지나칠 만큼 깊게 깊게 파내려 간다. 그리고 다른 그림자가 깊게 파낸 구덩이에 물을 한 통 붓는다. 양동이에 담긴 물에도 이미 모래가 만만치 않게 들어 있다. 양동이의 물을 마지막 한 방울까지 다 부으려는 듯 한참이나 양동이를 뒤집은 채 들고 서 있다. 웅덩이에 들어간 물은 마른 땅속으로 무섭게 스며들어 간다. 물기를 머금은 구덩이에 어린나무를 집어넣고 흙을 채운다. 두둑하게 흙을 덮은 후 발로 꾹꾹 눌러 밟고 다시 묘목을 잡아 빼려는 듯이 위로 당긴 다음 흙을 한 줌 더 덮는다. 뿌리 사이사이까지 흙이 잘 스며들도록 하는 것이다. 구덩이를 메운 흙은 마치 무덤의 봉분 같다. 어린나무가 모래바람을 견딜 수 있을까? 어쩌면 죽은 영혼을 위로하기 위해 나무를 심는지도 모르겠다. 나무를 다 심은 그림자는 두 손을 합장하고 머리를 조아리며 중얼중얼 알아들을 수 없는 입속말을 되풀이한다. 나무를 심는다기보다는 마치 엄숙한 의식을 하는 것 같다.

사막에 나무를 심는 이들은 위펑허 부부다. 위펑허 부부가 사람들이 떠난 빈 들에 나무를 심는 데는 남다른 사연이 있다.

그 사건이 일어난 지 네 해가 다 되어 간다. 4년 전에도 며칠 동안 황사가 심하게 불어닥쳤다. 마을 노인들도 이런 황사는 처음이라고 불안해했다. 아이들은 며칠 동안 밖으로 나가지도 못하고 집 안에만 갇혀 있어야 했다. 모래바람이 심하게 불면 작은 아이들은 어이없게도 바람에 날아가 버려 실종되는 일도 있기 때문이다. 며칠 동안 모래 먼지가 미친 듯이 날리더니, 드디어 바람이 멈췄다. 움막 안에서 나온 가축들도 이제야 살겠다는 듯이 울어 대고, 며칠 동안 집 안에 갇혀 지내던 아이들이 온 동네를 이리저리 뛰어다니고 있었다. 신이 난 아이들이 동네에서 제법 떨어진 곳까지 달음박질을 치고 있었다. 어른들은 그동안 집 안에 쌓인 모래 먼지를 쓸어 내느라 부산하게 움직이고 있었다. 이 모든 일들이 그들에게는 세끼 밥을 먹는 것처럼 자연스러운 일이었다. 모래 먼지와 함께 잠을 자고 눈을 뜨고 또 밤사이 집 안에 쌓인 모래들을 쓸어 내고.

그때였다. 마치 바닷가에 밀려오는 거대한 쓰나미처럼 지평선 부근에서 모래바람이 하늘과 땅에 맞닿은 채 마을 쪽으로 땅을 흔들며 다가오고 있었다. 거대한 모래 폭풍이 불었던 것이다. 흑풍. 이 지역에서는 이런 황사를 흑풍이라고들 한다. 사이렌 소리가 요란하게 울리고, 사람들은 허겁지겁 아이들을 불러들이고 창문을 내리고 문을 닫고 문틈 사이에 옷가지며 담요 들을 밀어 넣어 모래가 들어오지 못하게 했다. 또 가축을 움막에 몰아넣고 문을 걸어 잠갔다. 정말 대단한 폭풍이었다. 지붕이 날아갈 듯이 덜그럭거리고 몇몇 집에서는 유리창이 깨지는 소리가 들렸다. 다들 집 안에 모여 앉아 흑풍이 지나가기를 기다리며 두려움에 떨고 있었다. 마을에는 개미 새끼 한 마리도 얼씬거리지 않았다.

아니다. 누군가 위펑허 부부가 모래 폭풍 속에서 날려 가지 않기 위해 서로 부둥켜안고 집 밖에 서 있는 것을 보았다. 하지만 두 사람의 모습은 이내 모래 폭풍 속으로 사라지고 말았다. 얼마나 시간이 흘렀을까. 지붕을 할퀴던 바람 소리가 잦아들었다. 유리창을 부수던 모래 소리도 들리지 않았다. 날이 서서히 밝아 오고 있었다. 흑풍이 지나간 것이다. 그제야 집 밖에서 날카롭게 찢어지는 비명 소리가 들렸다. 누군가를 애타게 부르는 비명 소리였다. 마을 사람들이 그 소리를 따라 집 밖으로 나왔을 때는 위평허 부부가 아들의 이름을 부르면서 서서히 잦아드는 모래바람 너머로 달려가고 있었다. 위평허 부부의 아들이 없어진 것이다. 위평허 부부의 아들을 찾는 일은 며칠이나 계속되었다. 마을 사람들은 아무도 말을 하지 않았지만 처음부터 희망을 가지지 않았다. 흑풍에 붙잡혔다는 건 죽음을 의미하는 것이다. 어린아이에겐 말이다.

"어린것이 벌써 며칠인데, 아마 찾아도 소용없을 거야."

"그걸 모르나. 그래도 시신이라도 찾아야지."

"날려 갔다면 그리 먼 곳은 아닐 텐데, 모래가 산처럼 쌓여 버렸으니 그 속에 있다면 어떻게 시신을 찾겠어!"

기적이라고 해야 하나. 나흘째 되던 날, 애타게 찾던 위평허 부부의 아들을 발견한 것이다. 마을에서 그리 멀지 않은 모래 언덕에서 위평허 부부의 아들 위보의 신발 한 짝을 찾아냈다. 마을 사람들은 새로 생긴 모래 언덕을 절반이나 파헤쳐 내려가다 작은 손을 발견했다. 마을 사람들은 자신들의 눈앞에서 벌어지고 있는 사실에 눈을 돌릴 수밖에 없었다. 위평허 부부의 아들이 모래 산 중턱에 누워 있었다. 눈, 코, 입, 귀 몸에 뚫려 있는 구멍이란 구멍엔 모두 모래가 꽉 차 있었다. 위평허 부부가 아이의 이름을 부르며 흔들 때마다 벌어진 아이의 입에서는 모래만 솨르르 흘러내렸다. 누군가가 위평허 부부를 아이에게

서 떼 놓으려 했다. 열 살밖에 안 되는 흙투성이 시신은 죽음의 과정이 얼마나 고통스러웠는지 그대로 말해 주고 있었다. 아이들과 뜀박질 놀이를 하다 홀로 떨어진 위보가 흑풍에 날려 모래 더미와 함께 묻혀 버린 것이다. 눈, 코, 입으로 마구 쏟아져 들어오는 모래 더미에 기도가 막혀 질식했을 것이다. 위보만이 아니었다. 끔찍했던 흑풍 때문에 많은 아이들이 목숨을 잃었다.

아들을 떠나보낸 뒤 정신을 놓고 지내던 위평허 부부가 마음을 정리하는 듯했다. 그런데 위보의 엄마가 조금 이상해지기 시작했다. 이듬해 이른 봄날부터 가축을 돌보는 일보다 나무를 심는 일에 더 정성을 들였다. 성 밖으로 나가 어린나무를 사서 트랙터 뒤에 한가득 싣고 와서는 하루 일을 마치고 나면 하루도 거르지 않고 한때 숲이 있던 곳에 가서 나무를 심었다. 나무를 심고 나서는 위보의 명복을 빌며 불경을 외웠다. 위평허 부인은 위보가 죽은 것은 나무가 자라지 않아 숲이 죽어 버려서 땅의 모래가 먼지가 되어 거대한 흑풍이 되어 버린 탓이라고 생각했다. 다시 나무가 자라고 숲이 살아나면 먼지가 되어 죽어버린 땅이 살아날 것이라는 믿음으로 나무를 심는 것 같았다. 처음에는 위평허 부부가 함께 나무를 심었다. 하지만 아내가 잘 먹지도 않고 집안일이며 가축 돌보는 일을 팽개친 채 나무 심는 일에만 매달리자 남편도 힘들어하기 시작했다. 위평허 부부가 큰 소리로 다투는 모습을 심심찮게 볼 수 있었다.

하지만 위보 엄마가 아무리 열심히 나무를 심어도 망가진 숲은 다시 되살아나지 않았다. 한동안 네이멍구 자치구 밖에 있는 타지 사람들뿐만 아니라 바다 건너 다른 나라에서도 많은 사람들이 모래 폭풍을 막아 보겠다고 어린나무들을 가득 싣고 죽어 가는 숲이 있는 사막으로 왔다. 하지만 떼를 지어 와서 심어 놓고 간 나무들은 조금 자라는가 싶더니 이내 말라 죽고 말았다. 이미 가뭄이 심각한 수준이라 땅 위를 흐르던 물줄기도 말라 가고 있었다. 마을 사람들 눈에는 그런 땅에 나무를 심는 위펑허 아내가 정신 나간 사람처럼 보였다. 위펑허 아내도 자신이 하는 일이 헛된 일이란 걸 몰랐을까? 어쩌면 모래 폭풍에 질식해 죽은 아들의 명복을 빌기 위해서라도 나무 심는 일을 그만둘 수 없었을지도 모른다. 위펑허 아내는 하루도 거르지 않고 묵묵히 나무를 심었다. 마을 사람들이 다 떠나가 버려도 아마 계속 나무를 심고 있을 것이다.

"당신을 더 이상 두고 볼 수 없어."

"……."

"이런다고 죽은, 죽은 우리 아들이 다시 살아오지 않아. 산 사람은 살아야지. 가축들에게 먹일 물도 없는데 어떻게 나무를 살릴 수 있겠어."

"위보, 위보가 불쌍해……."

"위보가 불쌍한 건 나도 마찬가지야. 하지만 사람들이 뭐라고 하는지 알아! 당신을 병원에 데리고 가래. 당신이 미쳤다는 거야."

"난 미치지 않았어. 나무가 자라면 죽은 위보도 위로를 받을 수 있을 거야. 내가 우리 아이에게 줄 수 있는 마지막 선물이야."

"당신, 위보가 어떻게 선물을 받는다고 그래. 그 아이는 이미 죽었어. 지금 우리가 할 일은 위보를 대신할 아이를 갖는 거야. 위보는 그만 잊고 우리도 살자. 지금도 늦지 않았어. 자식이 있어야지. 이렇게 나무만 심는다고 죽은 위보가 다시 살아나? 아니면 자식이 하나 생기길 해."

"어떻게 그런 말을, 세상에 어느 누구도 위보를 대신할 수 없어. 난 자식이 있어, 우리 위보……. 더 이상 그런 말 입 밖에도 꺼내지 마."

"당신 정말 미쳤어. 위보가 어디에 있어. 어디에 있냐고? 집에 있어? 아님 학교에라도 갔나? 위보는 모래 더미에 묻혀서 죽었다고. 이건 당신 욕심이야. 당신 고집일 뿐이라고."

위펑허의 아내는 얼굴이 붉어져 남편을 한참 동안 노려보다, 나무에게 줄 물을 긷기 위해 나가 버렸다. 그 일이 있은 뒤 마을 어디에서도 위펑허를 볼 수 없었다. 동네 사람들은 위펑허가 미친 아내를 버리고 마을을 떠난 것이라고 수군거렸다. 위펑허가 사라진 뒤에도 위펑허 아내는 나무 근처에서 종종 볼 수 있었다. 하지만 보통 때와는 다르게 나무를 심고 있는 게 아니라 죽어 버린 나무 옆에 털썩 주저앉아 있거나, 빈 양동이를 들고 멍하니 서 있었다. 이웃들이 위펑허의 아내를 걱정해서 먹을 것을 가져다주었지만 입에도 대지 못했다.

마을 사람들은 흑풍이 아이를 앗아 가더니 남편을 떠나보내고 이제는 아내마저 병들어 죽게 만든다고 수군거렸다. 그런데 위펑허가 집을 나간 지 딱 일주일 만에 다시 돌아왔다. 일주일 동안 어디 가서 무엇을 했는지 행색은 그리 변한 게 없었지만 조금 여위고 지쳐 보였다.

"당신, 당신이 돌아와 주었네, 고마워."

"얼굴이 많이 상했네. 그동안 밥도 못 챙겨 먹은 거야?"

"당신 그동안……."

위평허는 대답 대신 손에 들고 있던 보따리를 내민다. 아내는 어리둥절해하며 보따리를 받아 풀어 보았다. 보따리 안에는 두꺼운 종이 포대가 있었다. 앞쪽을 뜯자 작은 씨앗들이 흘러나왔다.

"이거……."

"풀씨야. 당신과 그렇게 싸우고 집을 나서서 성안으로 갔지. 화가 나서 무작정 나서긴 했는데, 당신하고 위보 얼굴이 떠올라서 그렇게 있을 수가 없더군. 집으로 돌아오려고 하는데 우연히 황사를 막는 데는 나무보다 풀이 더 낫다는 이야기를 들었어. 나무는 뿌리를 내리고 자라는 데 시간도 많이 걸리고 물도 많이 필요해서 지금처럼 큰 가뭄이 든 때에는 자랄 수가 없대. 하지만 풀은 물이 조금만 있어도 살 수 있고, 또 풀이 무성해지면 흙이 바람에 날아가지 않게 단단하게 붙잡아 주기 때문에 나무를 살리느라 애쓰는 것보다 낫대. 일리가 있는 말이라 생각했지. 어떤 사람이 황사를 연구하는 유명한 박사님을 따라다니며 풀씨를 뿌렸다면서 그 얘기를 해 줬어. 그렇지만 내가 뭐 가진 게 있어야지. 겨우 성안에서 일거리를 찾았지. 다행히 길 닦는 공사장에서 며칠 일을 할 수 있었어. 그래서 돈을 조금 마련해서 되는 대로 풀씨를 사 갖고 온 거야. 이제 나무 대신 풀씨를 뿌리자고. 물론 풀이 뿌리를 내리고 자랄 때까지 물을 길어다 줘야겠지만 나무보다는 적게 줘도 살 수 있으니 괜찮을 거야. 풀이 많이 퍼지면 땅이 단단해지고 그러면 흑풍이 불어도 흙이 하늘로 날아가 아이를 죽이는 일은 없을 거야. 위보도 기뻐할 거야."

"당신……."

말을 마친 위평허는 구석에 있던 곡괭이를 들고 나가더니 길게 줄을 맞추어 고랑을 파기 시작했다. 뜨거운 것이 가슴을 치고 올라와 눈시울이 벌게져 있던 아내는 허둥지둥 위평허 옆에서 나란히 고랑을 팠다. 부부가 나란히 고랑을 파는 뒤로 흙먼지가 한없이 날리고 벌써 해가 서산에 걸려 오렌지빛 노을이 아름답다. 부부의 긴 그림자 위로 툭툭 약한 빗방울이 떨어진다.

※ 〈중국 청년보中国青年报〉 8월 26일 기사를 소재로 구성해 본 이야기이다.

사람 잡는 황사

풀이라도 잘 자라 주었으면 좋겠네요. 황사로 아이를 잃은 부모들의 마음이 조금이라도 위로를 받을 수 있게 말입니다.

황사, 모래 먼지가 날리는 누런 바람은 이제 우리나라에서도 단골 불청객이 되었지요. 예전에는 주로 봄철에 황사가 불었는데 최근에는 계절을 가리지 않고 황사가 불 거라는 기상대의 주의보를 듣곤 합니다. "모래 먼지쯤 날린다고 뭐 큰일이야 나겠어?" 생각할 수도 있지만 황사 때문에 생긴 우리나라 전체의 피해 액수는 2005년도 한국환경정책평가연구원에서 발표한 것을 보면 7조 3천억 원이나 된다고 해요. 2005년에 우리나라 인구가 4,727만 9천 명이었으니까 1인당 15만 원쯤 황사 때문에 손해를 본 거예요.

황사의 흙먼지는 모래보다 아주 작아요. 그러니까 황사라는 표현보다는 "황진"이라는 표현이 더 정확한 말이에요. 크기가 작기 때문에 사람들한테 아주 치명적이랍니다. 알갱이가 워낙 작다 보니 코나 입

10년 전, 내몽골 사막 근처에 건물이 세워졌을 때만 해도 사막은 수백 미터 이상 떨어져 있었으나 지금은 바로 가까이에서 건물을 에워싸고 있다. 한반도에 불어오는 황사의 주요 발원지인 쿠부치 사막 근처 모래 폭풍 때문에 마을 전체가 모래 더미에 묻혀 있다. 주민들은 날마다 모래를 퍼내지만 다음 날이면 다시 모래가 날아와 집 창문까지 쌓인다.

을 통해 폐로 들어가면 좀처럼 빠져나오지 않아 염증을 일으킬 수 있대요. 특히 천식을 앓거나 기관지가 약한 사람들에게는 더욱 안 좋지요. 최근에는 감기 환자가 황사를 맞으면 바이러스가 27배나 많아져 감기가 더 심해진다는 연구 결과가 나왔어요. 또 눈에 들어간 황사는 결막염을 일으키기도 한답니다. 그래서 봄철에는 감기 같은 증상으로 이비인후과 병원을 찾는 환자가 더 많이 늘어나요.

사람만 황사로 피해를 입는 것은 아니에요. 황사가 찾아오는 4월은 하얀 배꽃이 필 때입니다. 꽃의 암술에 수술의 꽃가루가 붙어서 수분이 이루어져야 배가 열리는데, 황사 먼지가 꽃에 달라붙어 수분이 잘 이루어지지 않습니다. 그러니 배를 키우는 과수 농가의 손해가 크겠지요. 비닐하우스에도 황사 먼지가 쌓이면 햇빛이 잘 통과하지 못해서 하우스 안에 있는 농작물이 잘 자라지 못한답니다. 고추도 황사 먼지 때문에 잎이 누렇게 뜨고 이상하게 자란답니다. 또 소나 돼지 같은 가축도 감기에 잘 걸리고요.

반도체 공장에서는 정밀함이 생명입니다. 그래서 공장 안에서 일하는 사람들은 먼지가 떨어지지 않게 우주복처럼 생긴 방진복을 입고 드나들 때마다 공기로 몸에 붙은 먼지를 털어 내는데, 황사가 부는 계절에는 에어 샤워(압축 공기를 세게 틀어 먼지를 털어 내는 것) 시간을 더 많이 늘려야 하고 공기 중의 먼지를 막아 주는 필터도 평소보다 더 자주 갈아 끼워야 합니다. 당연히 평소 때보다 관리 비용이 더 많이 들겠지요.

황사가 불면 비행기가 이륙하지 못해서 피해가 생기기도 합니다. 안개가 낀 날처럼 앞이 보이지 않으니 비행을 할 수 없는 거지요. 이뿐만 아니라 비행기도 더 자주 씻어야 합니다. 비행기에 황사 먼지가 쌓이면 보기에 좋지 않을 뿐만 아니라 먼지 때문에 공기의 저항을 많이 받아서 이륙할 때 에너지가 더 듭니다.

배에 페인트를 칠할 때도 황사가 불면 페인트를 칠할 수 없습니다. 자동차 공장에서는 황사 때문에 페인트를 칠하는 작업장을 아예 실내로 옮기기도 합니다.

황사는 삼국 시대 기록에도 나오는데 그것으로 보아 최근에 생긴 현상은 아니지만 지금은 점점 그 정도가 강해지고 횟수가 늘어나고 있어 문제가 심각합니다.

황사, 어디에서 오는 걸까?

우리나라에 불어오는 황사가 어디에서 오는 것이지 알아보려면 어떤 조사를 해야 할까요? 우리나라에 떨어지는 모래 입자를 모아서 그 입자의 성분과 비슷한 모래가 어디에 있는지 조사하면 됩니다.

하지만 모래가 다 거기서 거기지, 경포대 모래와 해운대 해수욕장 모래가 다를까요? 그래서 좀 정밀한 검사를 하는데 모래 속에 들어 있는 아주 특별한 원소를 조사해요. 주로 스트론튬(Sr)과 네오디뮴(Nd)의 동위 원소 비율을 조사합니다. 동위 원소란 쌍둥이 형제 정도로 생각하면 돼요. 쌍둥이 형제 중에서도 정말 똑같이 생긴 형제들이 있어요. 웬만해서는 구분할 수 없을 정도로요. 그런데 이 쌍둥이 형제 중 몸무게가 다른 형제가 있다고 해 봐요. 성질은 같은데 몸무게만 다른 원소를 동위 원소라고 한답니다. 토양을 이루고 있는 암석이나 광물은 지질학적으로 어떻게 만들어지는지에 따라 스트론튬과 네오디뮴들의 동위 원소가 독특한 비율을 갖는데 이것들은 쉽게 변하지 않고 남아 있기 때문에 이들의 동위 원소 비율을 조사하면 우리나라에 불어온 황사가 어디에서 온 것인지 알 수 있어요.

이렇게 조사한 결과를 보면 우리나라에 날아오는 모래 먼지는 주로 네이멍구 자치구 부근의 마오우스 사막이나 쿠부치 사막, 그리고 커얼친 사막이 있는 만주 지역에서 온 것이랍니다.

이전에는 황사가 대부분 고비 사막이나 황토 고원에서 불어왔는데 최근에는 발원지가 이렇게 달라졌다고 합니다. 그러니까 황사가 일어나는 발원지가 점점 동쪽으로 이동하고 있는 겁니다. 왜 황사 발원지가 동쪽으로 이동하는 걸까요? 그건 중국의 사막 지역이 점점 동쪽으로 확대되고 있다는 뜻이겠지요.

내가 가고 싶어서 가는게 아니라니깐 그러네. 이게 다 편서풍 때문이라고~~
뜨끔
편서풍
그 말은 올해도 어김없이 오겠다는 얘기?
타클라마칸 사막
고비 사막
황토고원

황사는 왜 잘 날아가다가 우리나라에 떨어지나?

황사는 3월에서 4월 중순까지 많이 발생합니다. 황사가 주로 봄에 일어나는 까닭은 무엇일까요? 여름에는 비가 많이 오기 때문에 흙이 바람에 날리지 않아요. 가을에는 그 사이 잘 자란 식물의 뿌리가 흙을 꽉 잡고 있기 때문에 바람에 날리지 않는 거고요. 그리고 겨울은 땅이 얼어붙기 때문에 바람에 날리지 않는답니다. 봄이 되면 땅이 녹으면서 흙이 잘게 부서져 바람에 쉽게 날리는 거지요. 특히나 겨울철의 강수량이 적으면 봄에 황사가 심하게 일어날 가능성이 커진답니다. 하지만 최근에는 중국의 사막이 점점 확대되면서 계절에 상관없이 일 년 내내 황사가 불고 있어요.

황사가 일어나기 위해서는 강한 바람이 불어야 해요. 또 강한 바람에 쉽게 날릴 수 있는 작고 미세한 입자가 흙에 있어야 하고요. 식물이 자라는 토양은 식물의 작은 뿌리가 촘촘하게 토양 알갱이를 붙잡고 있어서 바람이 불어도 토양이 날아가지 않아요. 하지만 식물이 자라지 않는 토양은 바람이 불 때 잡아 줄 것이 없지요. 식물이 자라지 않는 지역을 사막이라고 해요. 보통 지표면에서 부는 바람 정도로는 네이멍구 자치구의 토양 알갱이가 우리나라까지 날아올 수 없답니다. 황사가 일어나는 중국 내륙의 고원 지대나 사막에는 모래 폭풍이 잘 일어납니다. 모래 폭풍이 일어나면 지표면의 토양이 바람을 타고 지상 5,000m 상공까지 올라갑니다. 물론 그렇게 높이 올라가는 모래 입자는 아주 작아서 먼지 정도 크기예요. 그런데 대기의 상공에는 편서풍이라는 아주 강한 바람이 1년 내내 불고 있어요. 이름이 편서풍인 까닭은 그 지역의 바람이 서쪽에서 주로 불어오기 때문이에요.

이 편서풍은 중국과 우리나라가 있는 중위도 상공에서 부는 바람이에요. 강한 편서풍의 영향으로 우리나라의 기상 현상은 늘 서에서 동으로 변하고 있어요. 제 친구가 우리나라와 가까운 옌타이라는 곳에 살고 있었는데요, 그 친구가 사는 곳에 눈이 오면 그 다음 날 우리나라에도 눈이 오고, 비가 오면 다음 날 우리나라에도 비가 왔어요. 이것이 다 편서풍 때문이지요. 편서풍이 기상 현상을 일으키는 구름과 같은 대기를 중국이 있는 서쪽에서 우리나라가 있는 동쪽으로 이동시키고 있지요.

네이멍구 자치구에서 불어오는 황사는 5일, 만주에서 불어오는 황사는 빠르면 하루 만에 우리나라 상공에 도착합니다. 우리나라 부근에 고기압이 생길 때 황사 알갱이들이 날아오면 지표면으로 떨어지게 돼요. 고기압 중심에는 공기가 아래로 내려가게 하는 하강 기류가 만들어지거든요. 왜냐하면 고기압은 주변에 비해 공기들이 빽빽하게 몰려 있는 상태인데, 이렇게 몰려든 공기가 중심에서 만나 아래로 내려가기 때문입니다.

한번 황사가 불 때 공기 중에 떠도는 작은 먼지는 100만 톤이나 됩니다. 이 가운데 15톤짜리 덤프트럭 4,000대에서 5,000대 분량이 한반도에 고스란히 쌓이게 된답니다.

중국이 빠른 속도로 산업화되면서 황사가 불 때마다 온갖 오염 물질이 함께 날아오기 때문에 더욱더 위험하다고들 해요. 하지만 이것은 조금 부풀려진 이야기예요. 구제역 같은 병원성 물질도 황사와 함께 온다는 이야기는 확인된 바가 없답니다. 황사가 불어오면 토양에 있는 납, 카드뮴, 크롬, 구리, 니켈 같은 중금속도 함께 오는 게 사실입니다. 보통 연평균과 견주었을 때 그 양이 조금 늘어나긴 하지만 대기 환경 기준 안에 있는 정도랍니다. 그런데 철, 망간 같은 중금속 농도는 연평균보다 7~8배나 높습니다. 이것은 황사 발원지의 토양 성분에 철이나 망간의 농도가 높기 때문에 나타나는 현상입니다.

다시 말하자면 중금속 성분 때문에 황사가 위험한 게 아니라 먼지 입자가 평소보다 10배 넘게 많아지기 때문에 위험한 겁니다. 병원을 찾는 호흡기 관련 환자가 2배 가까이 늘어나는 것도 먼지 입자 때문이지요. 황사가 인체에 해를 끼치는 것은 사실이지만 필요 이상 과장하는 것은 좋을 게 없지요. 하지만 황사의 유해 성분을 연구하고 황사를 예보할 수 있는 과학 기술도 꾸준히 개발해야 할 것입니다.

황사는 왜 점점 심해질까?

황사는 건조한 토양인 사막과 강한 바람이 만나서 만들어진 합작품입니다. 1950년대에는 1년 평균 1,560km²가 사막으로 변했으나 요즘에는 2,460km²나 됩니다. 서울 면적의 4배나 되는 면적이 1년 만에 사막으로 변하고 있습니다.

왜 중국의 사막이 점점 확대되는 것일까요? 우선은 기후 변화를 들 수 있어요. 기후 변화로 기온이 올라가면 토양에 있던 수분이 증발하게 되지요. 기온이 높아지면 질수록 증발하는 양도 늘어납니다. 또 토양 부근의 공기는 온도가 올라갈수록 수분을 포함할 수 있는 능력, 다시 말해 포화 수증기량이 커진답니다. 습기가 많아 공기가 이미 수증기로 포화 상태가 되는 날은 빨래가 잘 마르지 않습니다. 반대로 주변이 건조하면 빨래가 잘 마르지요. 이것처럼 같은 양의 수증기를 받아들이더라도 공기의 온도가 높은 날은 수증기를 더 많이 받아들일 수 있습니다. 흔히 사막은 공기 중의 수증기 양이 적은 지역이라고 생각해요. 하지만 정확하게 이야기하면 받아들일 수 있는 수증기의 양이 많기 때문에 웬만한 양의 수증기가 증발해도 건조한 거예요. 증발하는 수증기를 더 많이 받아들일 수 있으니까 토양에서 수분이 더 쉽게, 많이 증발하는 거지요.

기후 변화로 공기의 온도가 올라가고 토양에서는 수분이 증발하고, 또 공기는 증발하는 수증기를 더 많이 받아들이려고 하고……. 그래서 토양에 있던 수분이 점점 더 많이 증발하게 되는 거지요.

물론 기후는 매우 복잡한 여러 원인이 함께 작용해서 나타나는 현상입니다. 복잡한 현상 때문에 정확하게 결과를 예측할 수 없는 것을 설명할 때 나비 효과를 이야기합니다. 베이징에 예쁜 나비 한 마리가 봄나들이를 하며 날갯짓을 합니다. 이 날갯짓은 아주 미세하지만 대기에 영향을 주겠지요. 이 영향을 정확하게 밝혀 낼 수는 없지만 여러 단계를 거쳐 베이징과 정반대에 있는 미국 동부 지역에 거대한 태풍을 만들어 낼 수도 있다는 게 나비 효과입니다.

보통 기후를 분석하고 예측하려면 엄청나게 많은 요인들을 계산해야 하고 이것을 위해서는 슈퍼컴퓨터를 써야 한답니다. 하지만 그렇게 해도 자연의 모든 요소들을 다 고려할 수 없기 때문에 정확하게 예측할 수 없어요. 그렇기 때문에 "지구 온난화가 중국 지역의 가뭄을 증가시키고 사막을 확대시키는 직접적인 원인이다"고 단정 지어 말할 수는 없지만 많은 기후학자들은 지구 온난화가 영향을 주고 있다고 이야기합니다.

두 번째로 사막이 늘어나는 원인으로 중국 인구가 증가하기 때문이라고 해요. 네이멍구 자치구는 칭기즈칸의 후예들인 몽골족들이 사는 곳이에요. 그들은 유목 생활을 해요. 가축을 키우기 위해 풀을 따라 여기저기 옮겨 다니며 살지요. 유목하는 인구가 늘어나면서 초원에서 기르는 가축도 늘어났어요. 방목하는 가축이 많아지면 초원의 풀이 자라기도 전에 모두 다 뜯어 먹어서 풀이 아예 말라 버리게 되지요. 또 물이 풍부하지 않은 지역에서 땅을 개간해 농사를 짓는 경우도 더 늘어났답니다. 통랴오라는 곳에서는 가축이 1948년에서 2003년 사이에 663%나 증가했답니다.

그렇다면 사막화를 막기 위해 초원에서 가축을 방목하지 못하도록 하면 되겠다고요? 하지만 그 곳 사람들은 조상 대대로 가축을 길러 먹고살았습니다. 가난하지만 살아갈 수 있는 유일한 방법이 가축을 기르는 것이지요. 무조건 가축을 기르지 못하게 하는 게 옳은 방법일까요? 여러분이라면 어떻게 하겠습니까?

2장

여기는 뉴올리언스, 슈퍼태풍이 모든 것을 쓸고 간 현장입니다

_바다의 온도 상승과 슈퍼 태풍의 탄생

슈퍼 태풍 카트리나로 생긴 상처

여자아이는 시종일관 말이 없다. 눈동자는 한시도 가만히 한곳을 응시하지 못한다. 출입문을 쳐다보았다가 다시 책상 위를 보았다가 어느새 창문 쪽을 바라본다. 손가락을 만지작거리며 손톱 끝의 작은 거스러미를 모질게 뜯어낸다. 그러다 피를 보고 만다. 그래도 아랑곳 않고 또 뜯는다. 쉬지 않고 눈동자를 굴리면서.

미국 동부의 날씨는 맑기만 하다. 바닷가에서 습기를 머금은 바람이 불어오지만 에어컨을 켜 놓은 실내는 건조하다.

이제 막 고등학교에 입학한 여자아이는 공황 장애를 앓고 있는데 학교에서 상담을 부탁해 왔다. 고흐의 보리밭 그림을 내보였다.

"이 그림에서 뭐가 보이니?"

아이는 조심스럽게 그림만 흘깃 볼 뿐 아무런 말이 없다.

"화가가 뭘 그렸는지 생각하지 말고 그냥 보이는 대로 말하면 돼."

아이의 손을 가만히 잡아 주었다.

"손이 참 부드럽구나."

아이는 그제야 아주 작은 소리로 입을 연다.

"빗물이에요."

"아, 지금 비가 내리고 있는 게 보이는구나."

아이는 고개를 보일 듯 말 듯 끄덕이는가 싶더니 이내 다시 가로젓는다. 단호하게 고개를 흔든다.

"비는 이미 다 내렸어요. 비가 폰차트레인 호수를 끌고 와서 도로가 큰 바다가 되어 버렸어요."

"나도 들었어. 5년 전에 뉴올리언스 로워나인스워드에서 살 때 슈퍼 태풍 카트리나 때문에 할머니를 잃었다고."

아이는 꾹 다물었던 입을 열었다. 고흐의 보리밭이 짙푸른 바다를 닮았기 때문일까? 아이는 시퍼런 바다 같은 보리밭 그림에서 눈을 떼지 않은 채 그때 자신이 겪은 이야기를 하기 시작했다.

"왜 하필이면 주말에……."

세상이 다 떠내려가도 수잔 언니는 쇼핑이 더 중요한 사람이다. 식구들 생일보다 언니 남자 친구네 강아지의 감기가 더 중요하고, 집에 생활비가 떨어져도 당장 신고 다닐 운동화의 브랜드가 더 중요한 사람이다. 사춘기가 되면 사람들은 다 저렇게 괴물이 되는 걸까?

허리케인은 점점 더 기승을 부리기만 한다.

엄마 목소리가 날카롭다. 엄마는 짐을 싸다 말고 할머니와 말다툼을 하고 있다. 할머니는 슈퍼돔으로 피해야 된다고 짐을 빨리 싸라고 아까부터 성화였다. 엄마는 할머니 등쌀에 못 이겨 짐을 싸는 시늉을 했지만 진짜 슈퍼돔으로 갈 생각은 없는 것 같았다. 아빠도 없고 차도 없는데 짐을 무슨 수로 다 옮기려는지.

하여튼 이럴 때는 토를 달지 않고 시키는 대로 하는 게 상책이다. 엄마가 신경이 굉장히 날카로워 있을 땐 말이다. 엄마가 시키는 대로 큰 비닐봉지에 이것저것 쑤셔 넣었다.

짐이야 쑤셔 넣으면 되지만 할머니는 어떻게 하려고 그러지? 설마 이 비바람에 휠체어를 밀고 슈퍼돔까지 걸어가려는 건 아니겠지.

할머니의 휠체어는 엄마가 있는 방문 앞에 멈춰 있다.

"마가렛, 어서 빨리 짐을 싸라. 아니 짐도 놔두고 어서 애들 데리고 떠나라."

"엄마, 엄마가 괜한 짓을 시키시는 거예요. 엄마는 어릴 때부터 여기서 살았고 저도 이 집에서 태어나서 자랐어요. 지금까지 태풍이 골백번 불어왔지만 한 번도 이 집이 잠긴 적은 없었어요. 나 태어나던 해에 허리케인 베시가 왔을 때도 우리 집은 안전했어요. 엄마가 입버릇처럼 말했잖아요. 우리 집은 뉴올리언스에서 가장 안전한 곳이라고. 아버지가 엄마한테 잘해 주지는 못했어도 미래를 내다보는 눈은 있었나 봐요. 하여튼 엄마, 애들 아빠도 없는데 엄마를 어떻게 모시고 가요. 우리 집은 안전할 거예요. 성화 좀 그만 부리세요."

할머니와 엄마는 사이가 별로 좋지 않다. 뭘 하든지 의견이 하나로 모아진 적이 없다. 이번에도 마찬가지다. 엄마는 태어나서 지금까지 살고 있는 이 집을 놔두고 많은 사람들이 피난 가 있는 슈퍼돔으로 가는 게 영 못마땅한가 보다. 게다가 아빠도 없고 차도 없어서 할머니를 모시고 갈 방법도 없다. 할머니를 두고는 한 발자국도 이 집을 나설 생각이 없는 것 같다.

"마가렛, 지금은 폰차트레인에 백사장이 있던 때와는 달라. 너도 알잖니. 그때는 바다가 우리 동네보다 위에 있지 않았다. 우리가 바다를 머리에 이고 살지 않았다고. 돈에 눈이 멀어서 이곳에 운하를 파고 나서부터 땅이 꺼지기 시작했어. 이제는 조금만 비가 와도 머리 위에 있는 바다가 넘쳐서 제방 근처에 있는 땅이 물에 잠기잖니. 마치 항아리 속에 살고 있는 것 같다고. 허리케인이 와도 아무런 대책이 없는 곳이 여기야."

"그렇긴 하지만 우리 집은 한 번도 물에 잠긴 적이 없었어요. 늘 바닥이 뽀송뽀송한 채로 있었잖아요. 차도 없는데 어디를 어떻게 가라고 하세요. 그이도 없는데. 어머니를 두고는 아무 데도 안 갈 거예요."

얼마 전에 차가 고장이 났다. "라디에이터가 퍼졌다"는 전문 용어를 쓰던데 난 정확히 그게 무슨 말인지 모르겠다. 하여튼 차를 고치러 정비소에 가지 않았고, 차는 여전히 라디에이터가 퍼진 채로 우리 집 차고에 있다. 아빠는 한 달 전에 마이애미 건설 현장으로 갔는데 아직 돌아오지 않으셨다. 안부 전화가 여러 통 왔는데 이제는 전화와 전기 모두 불통이다.

"마가렛, 이제는 정말 안 된다. 지금도 늦었어. 이렇게 바람이 강한 태풍은 나도 처음이야. 사람들이 바다가 뜨거워져서 태풍도 점점 더 강해진다고 했어. 시간이 지날수록 바다가 뜨거워져서 태풍도 강해지는 거야. 네가 비키니 입고 폰차트레인 호수에서 놀던 때 불던 허리케인하고는 달라."

이제 비는 창문을 부셔 버릴 듯이 쏟아지고 있다. 저런 소리를 내는데도 창문이 깨지지 않는 게 이상할 지경이다. 이제 밖은 토네이도 영화의 한 장면처럼 아수라장이다. 어디서 날아온 쓰레기인지 나무판자며 큰 상자가 휴지 조각처럼 날아다니고 있다. 아마도 우리 집 지붕을 덮고 있는 패널도 꽤 많이 벗겨졌을 게다. 간간히 덩치 큰 덩어리가 벽에 부딪치며 어마어마한 괴성을 내기도 한다.

"바다가 아무리 뜨거워져도 50년 넘게 버틴 이 집을 어떻게 하겠어요? 게다가 어머니를 두고 어떻게……."

그때 갑자기 도로에 있는 큰 미루나무가 와지끈하며 앞집 지붕으로 넘어지는 것이 보였다. 집은 장난감처럼 찌그러져 버렸다.

"할머니, 이미 늦은 것 같아. 슈퍼돔에 가기에는."

그런데 이상하다 비가 새는 걸까? 바닥이 젖어 있다.

"엄마, 엄마, 현관으로 물이 들어오고 있어."

짐을 싸면서 할머니와 엄마가 말다툼하는 데 신경 쓰느라 눈여겨보지 못했는데 어느새 도로에는 물이 꽤 차 있다. 아마도 비가 너무 와서 도로의 물이 제때 빠져나가지 못하나 보다.

그런데 이건 물이 하수구로 빠져나가지 못하는 정도가 아니었다. 물이 들어온다고 생각한 순간 발목까지 차오르고 있었다. 그러더니 할머니가 좋아하는 소파까지 차올랐다. 5분이 채 안 되는 사이에 일어난 일이다.

"폰차트레인 제방이 무너졌나 보다. 얘야, 큰일 났다. 제방이 무너진 게야."

"할머니. 뭐가 무너져요?"

나는 짐을 싸다 말고 무서워서 할머니에게 다가가 안겼다. 집 안에서 가장 따뜻하고 넓고 든든한 곳이 할머니 품이다. 할머니는 체격이 다부지고 크신데다 나이가 들어 다리를 잘 못 쓰면서 체중까지 불었다. 덕분에 할머니 품에 안기면 늘 넉넉하고 푸근했다. 엄마의 잔소리까지 막아 주니 나에게는 세상에서 가장 안전한 곳이다.

"폰차트레인 제방이 무너졌다고. 드디어 올 것이 왔구나. 너무 늦었어. 이제 슈퍼돔으로는 갈 수 없다."

"어서어서 피해야 한다. 어서 올라가라. 다락방으로, 아니 더 높은 곳까지 올라가. 지붕 위로 올라가야 해."

할머니는 나를 밀쳐 냈다. 정말 강한 힘이었다. 할머니가 날 그렇게 강하게 밀어내다니. 난 내 무릎까지 물이 차오른 거실 바닥에 나뒹굴었다. 물을 먹으면서 어느덧 2층 계단을 기어오르고 있었다. 휠체어에 앉아 있는 할머니의 얼굴은 이제 곧 물에 잠길 것 같다.

물은 엄마 허리춤까지 차올랐다. 정말 순식간의 일이다.

"엄마, 할머니를 빨리 일으켜 세워요. 어서."

물은 어느덧 할머니 목덜미까지 차올라 곧 얼굴이 잠길 판이다.

"엄마, 엄마."

엄마와 언니가 할머니를 일으켰다. 겨우 들어 올려서 2층 계단에 올려놓았다. 그리곤 할머니를 밀고 끌면서 2층으로 올라갔다. 할머니는 2층 바닥에 널브러졌다. 하지만 물은 멈추지 않고 계속 차올랐다.

"에반, 에반, 어서 너 먼저 다락방으로 올라가. 어서."

언니와 엄마는 할머니를 힘껏 안았다. 그런데 그만 언니가 넘어지면서 할머니와 함께 바닥을 뒹굴었다. 언니는 금세 일어났지만 할머니가 일어나지 않는다. 할머니 이마에서 피가 흐르고 있다. 아마 넘어지면서 어디 모서리에 부딪혔나 보다. 할머니는 눈을 뜨지 않는다. 물은 바닥에 누워 있는 할머니를 삼키고도 멈출 줄 모른다. 엄마와 언니가 할머니를 힘껏 들어 올렸지만 할머니의 체중을 당해 낼 수 없었다. 할머니와 언니가 다시 나뒹굴었다. 물이 불어나서 2층의 의자들이 둥둥 떠다니고 있다. 서랍이며 온갖 것들이 둥둥 떠다녔다. 난 다락방으로 올라가 바닥에 엎드린 채 모든 것이 둥둥 떠다니는 2층에서 엄마와 언니가 할머니를 일으켜 세우기 위해 안간힘을 쓰는 모습을 지켜보았다. 갑자기 물건이 둥둥 떠다니는 2층 거실이 금붕어가 사는 어항 속 같았다. 비가 내리는 소리도 사라지고 바람 소리도 사라지고 점점 조용해졌다. 내가 물속으로 굴러 떨어졌나 보다. 물속에서 할머니는 몸을 반쯤 일으켜서 손을 휘젓고 있었다. 뭐라고 나에게 말을 하는 것 같았지만 아무 소리도 들리지 않았다. 물속은 너무 고요하고 어두웠다.

아이는 거기까지 말을 마치고 숨을 몰아쉬었다. 얼굴은 상기되고 눈물과 콧물이 흐르는데 닦을 생각도 하지 않았다. 아이는 숨이 가쁜지 색색 소리를 내며 간신히 숨을 몰아쉬고 있다. 얼굴도 창백하다. 아이를 가만히 안아 주었다.

"할머니는 아직도 그 물속에 계세요. 우리는 할머니를 구하지 못했어요. 물속에 빠진 저를 구하느라 할머니를 구할 시간을 놓쳤어요."

"에반, 네 잘못이 아니야. 할머니가 그렇게 되신 건 네 잘못이 아니야. 태풍이 너무 강했고, 제방이 너무 약했어. 그런 사고가 날지 알고 있었는데도 미리 대비를 하지 못한 사람들 잘못이야. 네 잘못이 아니란다."

"하지만 할머니를 그냥 물속에 두는 게 아니었어요."

아이는 내 품속에서도 계속 눈물을 흘렸다.

동부 해안에서 불어오는 바람에 창밖의 종려나무 잎이 사그락사그락 흔들렸다. 아주 조용하고 얌전하게. 아이의 가슴만 격렬하게 뛰고 있었다.

허리케인 카트리나가 지나가고 몇 년이 흘렀지만 그 시절을 떠올리며 악몽을 꾸는 아이들이 많다.

태풍계의 지존 카트리나

2005년 허리케인 카트리나는 플로리다 주를 빠져나와 남서쪽으로 진행해 따뜻한 바닷물이 흐르는 멕시코 만에서 하루 동안 머무르며 세력이 5등급으로 커졌습니다. 수증기는 태풍을 만드는 에너지인데 카트리나는 멕시코 만에서 수증기로 몸집을 키운 거예요. 5등급이 된 허리케인 카트리나는 8월 29일 시속 225km의 강풍과 함께 루이지애나에 상륙했습니다. 설상가상으로 뉴올리언스의 폰차트레인 호수의 부실한 제방이 무너지면서 이 지역 대부분이 물에 잠겨 버렸지요. 이 지역은 80% 이상이 해수면보다 낮아서 넘쳐 들어온 물이 대접에 담긴 물처럼 쉽게 빠져나가지 않고 고여 있었답니다.

2005년 당시 많은 사람들이 실종되었어요. 간신히 구조된 사람들과 겨우 대피한 사람들이 슈퍼돔이라는 종합 운동장에 6만 명, 우리나라의 코엑스 같은 컨벤션 센터에 2만 명이 수용되었답니다. 하지만 부시 대통령 정부가 구조하는 데 늑장을 부리는 등 여러 가지 사정으로 카트리나 이재민들은 끔찍한 지옥의 나날을 보냈다고 해요. 넘쳐 나는 쓰레기와 오물, 여기저기 방치된 시신, 폭행, 절도……. 카트리나가 일어난 지 6년이 지난 지금도 뉴올리언스에서는 집을 복구하지 못하고 캠핑카에서 지내는 사람들이 있답니다.

공식 사망자가 1,300여 명에다 실종자도 6,000명이 넘고, 피해액도 9·11 테러의 8배나 된다고 해요. 어느 가게를 가나 재즈를 들을 수 있다는 재즈의 도시 뉴올리언스, 도대체 그곳에서 왜 이런 일이 벌어졌을까요?

증기선을 아세요? 증기 기관차처럼 석탄을 때서 물을 끓이고 그 증기의 힘으로 다니는 배라 굴뚝에서 퐁퐁 연기를 내뿜으며 다니죠. 뉴올리언스는 바다와 이어져 있는 미시시피 강의 하구에 있는 도시예요. 유럽에서 바다를 건너온 이민자들과 화물들은 내륙으로 가기 위해 증기선으로 갈아타고 미시시피 강을 건넜답니다. 뉴올리언스는 바다와 육지를 연결하는 구실을 하며 만들어진 항구 도시입니다. 물론 미시시피 강 하구 부근은 대부분 습지였지요. 초기에는 사람들이 살 수 있는 지역이 얼마 되지 않았어요. 미시시피 강이 자연스럽게 만들어 낸 제방에 오밀조밀 모여 살았지요. 그런데 더 이상 자연 제방만 가지고는 늘어나는 인구를 감당할 수 없게 되자, 인공 제방을 쌓기 시작했어요.

1913년에 공학자였던 앨버트 볼드윈 우드가 물을 쉽게 퍼낼 수 있는 펌프를 발명했는데 이 덕분에 습지의 물을 뽑아낼 수 있어 도시가 커질 수 있었답니다. 하지만 펌프로 물을 뽑아내고 제방을 넓히기 시작하자 땅이 점점 아래로 꺼지게 되었어요. 원래 미시시피 강 주변의 습지는 강보다 낮지 않았는데, 이제는 물의 높이보다 최대 3~4m 낮아지게 된 것이지요.

자연스럽게 흐르는 강물은 물이 많고 속력이 빨라지면 넘쳐서 범람을 하기도 하면서 많은 흙을 하구에 옮겨 놓기도 하지요. 그것 때문에 종종 강의 물길이 바뀌기도 해요. 하지만 인공 제방을 만들면 강의 자연스러운 흐름을 막아 버립니다. 높은 제방이 가로막고 있으니 강물이 넘칠 일이 없고 흙도 제방을 넘지 못합니다. 습지는 말라 버리고 강 둘레 저지대는 점점 더 낮아지게 되지요. 그래서 미시시피 강 둘레는 오른쪽 그림처럼 대접 같은 사발 지형이 된 것입니다. 게다가 사람과 화물을 효율적으로 실어 나른다는 이유로 운하를 두 개 만들었는데 이 운하는 수로가 좁고 직선이었어요. 그래서 태풍 때 엄청난 속도로 밀려드는 많은 양의 물을 감당할 수 없었지요. 결국 운하 때문에 뉴올리언스는 태풍에 약한 지역이 되었답니다.

또 인공 제방이 강물이 들어오는 것을 막으니까 주변 습지에서 자라는 나무들이 살 수가 없게 되었어요. 큰 나무들은 뿌리로 흙을 단단하게 붙잡아 주고 빠른 물살을 약하게 만들어 주는데 말입니다. 바닷물 때문에 소금기가 많아진 땅에 미시시피 강물이 들어가서 소금 농도를 낮추어야 큰 나무들이 자랄 수 있는데 강물이 제방에 막혀 버리니 짠물에서 나무들이 죽어 가는 것이지요. 빠른 물살을 막아 주는 방패인 나무가 사라져 버린 거예요.

2005년 허리케인 카트리나가 만들어 낸 해일은 운하를 따라가며 아주 빠른 속도로 부실했던 제방을 무너뜨렸습니다. 무너진 제방으로 폰차트레인 호수의 불어난 물이 사발 모양의 땅으로 밀려들었고 낮은 땅에 들어온 물은 빠져나가지 못하고 모든 것을 삼켜 버렸지요.

게다가 기후 변화로 수온이 올라가서 카트리나는 엄청난 속도로 성

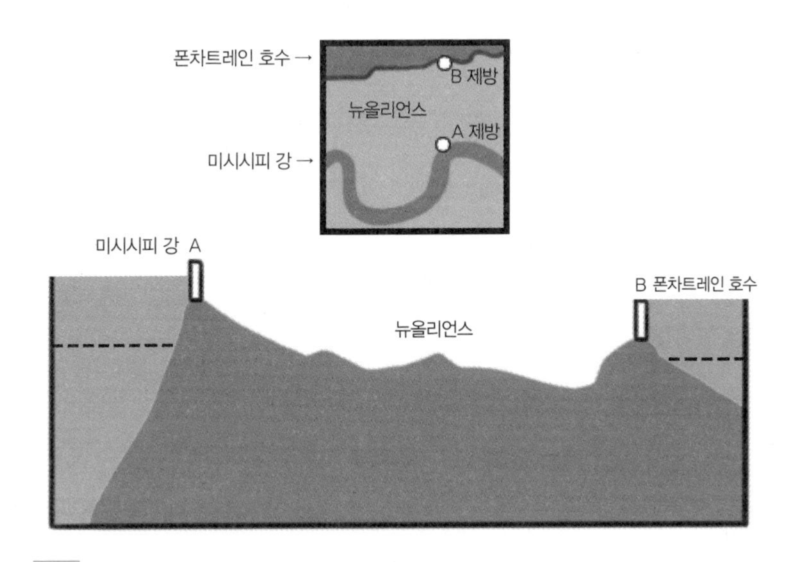

재즈의 발상지로 알려진 뉴올리언스는 2005년 강풍을 동반한 허리케인 카트리나로 시의 80%가 침수되고 막대한 재산 피해와 수천 명의 인명 피해를 입었다. 도심의 제방 두 군데가 터지면서 물이 들어차기 시작했고 사발 모양의 땅에 물이 가득차게 되어 큰 피해를 입었다.

장해 슈퍼 태풍이 되었습니다. 이미 예고된 재앙에 해수 온도가 올라가서 그 피해가 더 커진 셈이지요. 하지만 더 걱정스러운 것은 뉴올리언스의 이런 상황이 바뀌지 않는 한 또 다른 허리케인으로 피해를 입을 거라는 사실입니다.

허리케인은 뭐고 태풍은 뭐야?

허리케인, 태풍, 해일, 쓰나미…… 용어들이 참 다양하지요. 모두 비슷비슷한 현상을 가리키는데 일어난 원인이나 지역에 따라 이름이 조금 다른 것뿐이랍니다. 그러니까 태풍과 허리케인은 열대 저기압을 말하는 것이고, 쓰나미는 해일 가운데서도 지진으로 생긴 것을 말하는 거예요.

태풍이나 허리케인은 열대 바다에서 만들어지는데 강한 폭풍을 일으키는 열대 저기압이랍니다. 지구가 넓으니까 열대 바다도 여러 군데 있겠지요. 그 가운데 뉴올리언스가 있는 미국 동부 지역에 상륙해서 피해를 일으키는 열대 저기압을 허리케인이라고 해요. 이 허리케인은 대서양 서부, 카리브 해, 멕시코 만에서 생긴 거예요. 허리케인이란, "폭풍의 신", "강한 바람"을 뜻하는 에스파냐 말에서 나온 이름이랍니다.

북태평양 남서쪽 부근 필리핀 바다에서 만들어진 열대 저기압은 태풍이라고 해요. 태풍이라는 이름이 어떻게 생긴 것인지 여러 가지 주장이 있는데 그중 그리스 신화에 나오는 티폰이 태풍이 되었다는 주장이 가장 그럴 듯해요. 티폰은 몸의 반은 사람이고 나머지 반은 괴물이에요. 이 태풍은 우리나라와 동북아시아에 영향을 주지요.

다른 열대 저기압도 있답니다. 좀 범위가 좁은 바다인 인도양과 벵골 만, 아라비아 해에서 주로 발생하는 것은 사이클론, 호주의 동쪽 바다에서 발생하는 것은 윌리윌리라고 해요. 윌리는 호주 원주민들 말인데 우울과 공포를 가리키는 말이에요. 그 뜻을 강조하기 위해 윌리윌리라고 두 번 반복해서 쓰는 거지요. 하지만 요즘에는 윌리윌리라는 말은 쓰지 않고 사이클론이라고 해요.

이런 다양한 열대 저기압이 발생하는 바다 가운데 가장 넓은 곳이 어디일까요? 필리핀 부근의 북태평양 바다랍니다. 이곳에서는 태풍이

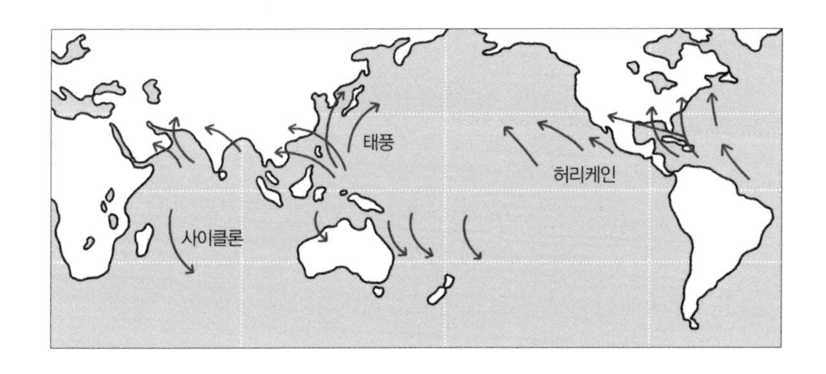

태풍, 허리케인, 사이클론은 생기는 지역에 따라 이름이 다를 뿐 모두 중심의 풍속이 초속 17m 이상인 열대 저기압 또는 열대성 폭풍을 말한다.

1년 내내 만들어지지요. 다행히 우리나라에는 주변 기압의 영향으로 여름철에만 찾아옵니다.

지진에 등급이 있는 것처럼 태풍에도 등급이 있어요. 등급이 클수록 바람이 셉니다. 같은 열대 저기압이라도 일어나는 장소와 영향을 미치는 나라가 다르기 때문에 등급을 매기는 기준도 조금씩 달라요. 하지만 보통은 바람의 세기를 기준으로 등급을 매기는데, 5등급인 허리케인 카트리나는 미국의 분류 기준으로 보면 슈퍼 태풍 등급이랍니다. 우리나라에는 아직 슈퍼 태풍이라는 등급이 없어요. 그런데 최근 기온이 올라가면서 태풍 규모가 커졌지요. 2003년에 불어닥친 태풍 매미는 한 번도 경험해 보지 못한 아주 강한 태풍이었어요. 그 뒤 우리나라 기상청에서도 태풍 등급을 다시 조정해서 슈퍼 태풍이라는 등급을 만들어야 한다고 이야기하고 있어요. 그렇게 되면 기후 변화로 우리나라에 새로운 용어가 탄생하게 되는 거네요.

해일은 파도가 굉장히 높아져서 바닷가 내륙 지방을 덮치는 거예요. 바다 밑바닥에서 일어난 지진 때문에 파도가 높아진 해일은 쓰나미라고 해요. 또 바다 위에 강한 저기압으로 파도가 높아졌을 때는 태풍 해일이라고 하고요.

카트리나가 우리나라에 온다면 어떤 일이 벌어질까?

그렇다면 우리나라에 카트리나가 온다면 어떤 일이 벌어질까요? "참, 입방정을 떠는 소리를 하는군." 이렇게 생각해도 할 수 없어요. 최선의 방어를 위해서는 최악의 시나리오를 써 보는 게 도움이 되지 않을까요?

그래서 2003년도에 우리나라를 강타했던 강력한 태풍 매미가 움직인 경로에 슈퍼 태풍인 카트리나의 중심 기압과 경로, 최대 풍속이 미치는 범위 같은 특성을 대입해 가상으로 재현해 보는 시뮬레이션을 해 보았어요. 어떤 일이 일어날까요?

아, 태풍 매미가 어떤 건지 잘 모른다고요? 태풍 매미는 2003년에 일어난 전 세계의 열대 저기압 중에서도 가장 세력이 컸던 태풍이랍니다.

카트리나가 우리나라에 불어닥칠 경우 매미 때보다 120~570cm 정도나 높은 폭풍 해일이 닥칠 거라는 예상 결과가 있어요. 태풍이 진행하는 방향에서 오른쪽에 있는 지역이 피해가 큰데 부산, 경남 지역은 태풍 매미가 왔을 때 오른쪽에 있었어요. 카트리나가 왔을 때 부산의 낙동강 하구 부근의 괴정천에는 매미 때보다 4.68m나 높은 6.57m의 태풍 해일이 닥친다는 거예요. 낙동강 하구 지역은 육지 쪽으로 쑥 들어온 만의 길이가 길고 수심이 얕아서 더 심한 해일이 예상된답니다. 태풍 매미 때 가장 큰 피해를 입었던 마산 만 일대에 카트리나가 온다면 폭풍 해일의 높이가 거의 8m나 된대요. 부산과 경남을 통틀어 가장 높은 해일이 온다는 거예요. 마산은 매미가 움직이는 경로의 바로 오른쪽에 있기 때문에 풍속의 영향을 강하게 받는대요. 하여튼 카트리나가 매미의 경로를 따라 우리나라에 상륙한다면 매미 때보다 4배쯤 높은 폭풍 해일이 부산, 경남 지역에 일어날 거라고 합니다.

영화 〈해운대〉는 부산 해운대에 대형 해일이 들이닥치는 이야기예요. 영화에서는 지진 때문에 해일이 생기는 것으로 나오는데, 해일 높이가 무려 100m나 되어 40층짜리 주상복합 아파트를 무너뜨리지요. 태풍 카트리나가 불어닥쳤을 때 가장 큰 해일이 8m쯤이었어요. 그 정도면 얼마 안 되는 것처럼 여길 수도 있지만, 이보다 4배가 낮았던 매미 때도 해안가에 있던 건물들이 모두 폐허로 변했어요. 마산에서는 지하 노래방에 갇힌 사람들이 익사했고, 배 수천 척이 해일 때문에 파

부산 해운대에 거대한 해일이 밀어닥친다는 내용을 다룬 영화 〈해운대〉의 한 장면.

손되거나 침몰했으며, 해일에 밀려온 작은 배들이 도심의 도로에 널브러져 있었답니다.

그런데 태풍이 불면 왜 해일이 일어날까요? 태풍은 "열대 해상에서 일어난 강력한 저기압"이라고 앞에서 이야기했지요. 저기압은 주변과 견주었을 때 기압이 낮은 것을 말해요. 강한 저기압이라고 하는 것은 주변보다도 기압이 더 낮은 것을 말합니다. 해수면 위에 강한 저기압이 있으면 해수면을 누르는 힘이 작아지겠지요? 저기압이니까요. 해수면을 누르는 힘이 약하니까 해수면이 상승하는 거지요.

예전에 티베트를 여행한 적이 있는데 티베트는 굉장히 높은 곳에 있어요. 그때 뒤꿈치에 공기가 들어간 운동화를 신고 있었는데, 글쎄 그 공기가 부풀어 올라 신발 뒤축이 뽈록해졌답니다. 평소에는 안에서 미는 기압과 밖에서 미는 기압의 세기가 같으니까 아무 문제가 없었는데, 고도가 높아지니 밖에서 미는 압력이 약해져 우스꽝스러운 모양이 된 거예요.

이런 일은 일상생활에서도 가끔 경험할 수 있어요. 종이 팩에 든 주스를 빨대로 맛있게 빨아 먹고 마지막 한 방울까지 쪽 빨아 먹는 순간 종이 팩이 안으로 찌그러지는 것을 볼 수 있지요. 그것도 종이 팩 안의 내용물과 공기가 다 사라지는 순간 밖에서 미는 힘이 상대적으로 커서 찌그러진 거예요. 비행기를 타고 이륙할 때 귀가 먹먹해지는데 그것도 평소 공기 중의 기압과 균형을 이루었던 고막이 주변의 기압 변화에 적응을 못해서 일어나는 일이지요.

그러니까 태풍이라는 강한 저기압이 해수면 위에 있으면 해수면을 누르는 힘이 약해지고, 균형이 깨진 해수면은 높이가 올라갑니다. 게다가 강한 바람이 불어오니 평소보다 상승한 해수면에서 높은 파도가 일어나 해안으로 밀려가게 되는 거랍니다.

태풍이 무서운 것은 단지 해안가에서 일어나는 해일 때문만은 아니랍니다. 태풍은 강한 바람과 엄청난 양의 비를 함께 몰고 옵니다. 매미 때는 바람의 속력이 1초당 41m가 넘었어요. 그렇게 말하면 얼마나 엄청난지 상상하기 힘들죠?

바람의 세기가 초속 10m면 어른이라도 걷는 게 힘든 정도입니다. 우산도 들고 다닐 수가 없지요. 바람에 뒤집어져 버리니까요. 풍속이 초당 20m가 되면 가만히 서 있을 수조차 없어요. 나뭇가지가 꺾이고 기와지붕의 기와가 날아가 버려요. 초속 30m가 넘어서면 힘이 센 건장한 남자도 제자리에 서 있을 수 없고, 가로수가 뽑히고 담벼락이 무너질 수도 있지요. 초속 40m면 이건 그냥 강한 바람이 아니라 살인적인 바람이랍니다. 달리는 열차가 넘어질 수도 있어요. 그러니 매미 때 평균 바람의 세기가 초당 41m라는 것이 어느 정도로 엄청난 것인지 짐작할 수 있지요?

또 태풍 매미가 우리나라 내륙 지역에 머물렀던 6시간 동안 비가 400mm나 내렸어요. 우리나라 1년 강우량이 1,200mm인데, 1년 동안 내릴 비의 1/3이 6시간 동안 한꺼번에 내렸다고 생각해 봐요. 그러니 산간 지역에 산사태가 나고 하천이 넘쳐 집들이 부서지고 논밭이 물속에 잠겨 버린 거지요.

그런데 만약 카트리나가 우리나라에 닥친다면……. 더 이상 말을 하는 게 무의미하겠지요.

도로시양! 태풍 때문에 집과 함께 날아가고 있는 지금의 소감 한 말씀 해 주시죠?
무슨 맷돌에 어처구니 없는 소릴 하는 거야~!!
지구 씨, 지금 나는 토네이도 때문에 날아가고 있다고요! 번지수를 잘못 찾았어요!

점점 강해지는 슈퍼 태풍

태풍과 같은 강한 열대 저기압은 수온이 27℃가 넘어야 만들어집니다. 태풍의 에너지가 되는 수증기를 공급받아야 하기 때문이에요. 수증기는 더운 바다에서 활발하게 증가해서 데워진 공기를 따라 위로 올라가요. 위로 올라갈수록 온도가 낮아지니까 수증기는 다시 작은 물방울로 변합니다. 이때 마술이 일어나요. 수증기가 물로 변하면서 에너지를 내보내기 때문이지요. 이런 에너지를 수증기에 숨어 있는 에너지, 잠열이라고 해요. 대략 1기압에서 100℃ 물 1g이 수증기로 모두 바뀌기 위해서는 540cal의 열량이 필요하답니다. 라면 면발의 열량은 480kcal이고 국물이 60kcal의 열량을 가지고 있으니까, 540kcal의 열량이면 라면을 국물까지 싹 비운 정도라고 생각하면 되겠네요. 그러니까 라면 한 그릇이 수증기 1g이 가지고 있는 잠열의 1,000배쯤 되는 에너지를 가지고 있는 거예요. 별거 아닌 듯하다고요? 그럴까요? 구름이 얼마나 무거운지, 얼마나 많은 수증기들이 모여 있는지 알면 깜짝 놀랄걸요? 보통의 허리케인은 지름이 665km인데 코끼리 4,000만 마리의 무게를 갖고 있어요. 하루에 1.5cm의 비를 쏟아 내지요. 부피로 환산하면 하루에 $2.1 \times 10^{16}cm^3$의 빗방울이에요. 잠열로 계산을 하면 하루에 $1.24 \times 10^{19}cal$의 에너지이지요. 이 에너지를 휘발유와 비교해 볼까요? 휘발유는 1 리터당 8,331kcal의 에너지를 갖고 있고, 최근 우리 동네 휘발유 가격은 1리터당 1,998원이니까, 날마다 29,570천억 원어치의 휘발유를 쓰며 지구 위를 휘몰아치고 있는 셈이에요. 지구 전체에서 하루에 생산되는 전력량의 200배쯤 되는 양이죠. 물론 허리케인의 크기와 수증기 함유량 정도, 이동 경로 같은 여러 가지 요인 때문에 엄청나게 차이가 나는데 이건 대략 계산한 거예요. 좀 더 간단히 비교해 볼까요? 태풍은 1945년 나가사키에 떨어진 원자 폭탄 '팻맨'의 에너지보다 만 배가 넘은 에너지를 가지고 있어요. 어때요? 무시무시하죠?

이렇게 태풍은 끊임없이 공급되는 수증기에 의해 만들어지고 또 유지되면서, 전향력(지구의 자전 때문에 움직이는 물체의 이동 방향을 휘어지게 만드는 힘)의 영향으로 회오리를 만들고 상층의 바람에 실려 위로 빙글빙글 올라가요. 그런데 만약 해수면의 온도가 상승하게 되면 그만큼 수증기의 증발이 더 활발하게 일어나서 슈퍼급의 대형 열대 저기압이 만들어질 확률이 높아지죠.

미국 MIT대학의 기상학자 엠마뉴엘 박사는 "1970년대 중반부터 태평양의 태풍과 대서양의 허리케인이 점점 더 강해지고 한번 발생하면 오래 지속된다"고 발표했어요. 또 미국의 기상학자 웹스터 박사는 지난 30년 동안 수온이 올라가는 비율만큼 4등급 이상의 슈퍼 태풍이 늘어나고 있다는 연구 결과를 발표했어요.

그런데 최근 한반도 부근의 수온은 전 세계 평균보다 높은 수치로 올라가고 있어요. 게다가 최근 10년 동안 한반도에 상륙하는 태풍은 중국 대륙을 거치지 않고 바로 한반도로 오는 경향이 있어요. 그러니까 수온이 높아지면서 무섭게 세력이 커진 태풍이 대륙을 거치지 않고 바로 한반도에 상륙한다면 많은 피해를 입지 않을까요?

물론 대형 폭풍이 일어나는 원인이 해수의 온도가 올라가는 것만은 아니에요. 열대 폭풍이 일어나는 데 가장 크게 영향을 끼치는 요인으로 바닷물 온도와 해수면의 상승, 해류 순환 따위를 손꼽을 수 있어요. 또 한 가지 요인이 독립적으로 작용하는 게 아니라 아주 복잡하게 서로 얽혀 있어서 열대 폭풍의 강도가 세지는 것이 기후 변화 때문이라고 단정해서 말할 수는 없습니다. 하지만 많은 기상학자들이 앞으로 강한 열대 폭풍이 점점 더 많이 발생할 거라고 이야기합니다.

바닷물의 온도가 올라가면 슈퍼 태풍만 일어나는 게 아니에요. 물은 4℃에서 가장 부피가 작은데, 온도가 올라가면 갈수록 그만큼 부피가 팽창하게 되지요. 그런 이유로 해수면이 상승하게 되어요. 또 기체가 물에 녹는 정도인 용해도는 온도가 낮을수록 커지는데, 수온이 올라가면 바닷물에 다량으로 녹아 있던 이산화탄소나 메탄 같은 온실 기체가 대기 중으로 날아가게 되지요. 그렇게 되면 기후 변화가 더 심하게 일어날 거예요.

태풍 Delete!

"태풍, 까짓것 없애 버려요, 그냥 핵폭탄을 꽝 터뜨려서."

가끔 수업 시간에 태풍에 대해 이야기하다 보면 개구쟁이 남학생들이 장난스럽게 말할 때가 있답니다. "태풍 때문에 고생할 기 뭐 있냐, 없애 버리면 되지, 힘센 폭탄으로 날려 버리면 되지"라고들 하지요. 그런데 이런 장난스런 생각이 미국의 과학자들 사이에서 진지하게 연구되던 프로젝트였다면, 여러분은 믿을 수 있을까요?

미국에서 1950년대부터 시작한 태풍 제어 연구가 있어요. 프로젝트

이름은 '광폭한 폭풍'. 처음에는 엄청난 양의 요오드화은을 허리케인의 구름 속에 뿌리자고 했어요. 요오드화은이 구름 속의 수증기를 쉽게 물방울로 만들어 비로 내리게 하면 태풍이 본격적으로 활동하기 전에 사그라질 테니까요. 하지만 이 방법은 확실하게 허리케인을 제어한다는 결론이 나오지 않아 폐기되었지요. 그 밖에도 핵폭탄을 투하하거나 뜨거운 바다에서 수증기가 증발하지 못하도록 해수면을 무엇인가로 덮는 방법, 빙하를 이용해서 허리케인이 생기는 적도 부근의 열대 해양의 온도를 낮추는 방법 들을 생각해 냈다고 해요.

과학자들도 무척 엉뚱하지요? 만약 과학적 방법을 이용해서 태풍을 제어할 수 있는 방법이 있다고 하더라도 이것이 더 큰 재앙을 불러오지는 않을까요? 태풍은 지구에서 열의 불균형을 없애 주는 구실을 하고 있어요. 저위도의 남는 에너지를 고위도로 보내면서 마치 뜨거운 물을 찬물과 잘 섞이도록 휘휘 저어 주는 것처럼요. 그런 일을 하는 태풍을 없애 버린다면 그 다음은 어떤 일들이 일어날까요?

지구에서 일어나고 있는 것 가운데 아무 의미 없이 일어나는 일은 단 하나도 없답니다. 태풍마저도 말입니다. 태풍은 훌륭하게 자신의 할 일을 하고 난 뒤에야 비로소 고요해지는 게 아닐까요?

3장

이곳은 바다, 산소 탱크가 바닥나고 있습니다

_탄소 순환과 바다

또 다른 창조자들

태초에 신이 있었다. 신은 6일 동안 세상을 창조했다. 어떤 이들은 그가 손을 휘둘렀다고도 하고 그저 바라만 보았다고도 한다. 신이 어떤 자세로 주문을 외워 세상을 창조했는지는 중요하지 않다. 신은 세상을 6일 동안 창조하고 7일째는 쉬었다고 한다.

그런데 또 다른 창조자는 지금까지 쉬지 않고 또 다른 어떤 것을 창조하고 있다. 그것도 번개가 번쩍이듯 빠르고, 정교한 컴퓨터 회로처럼 정확하게 말이다. 또 다른 창조자는 세상의 모든 생물을 먹여 살리는 양분을 생산한다. 농부냐고? 글쎄, 농부가 위대하긴 하지만 그는 인간. 농부는 무에서 유를 창조할 수는 없다. 씨를 뿌리고 수확을 할 뿐이다. 다른 창조자는 돌덩이를 황금으로 만들어 내는 연금술사처럼, 아니 빈 손바닥에서 장미꽃을 만들어 내는 마술사처럼 세상을 먹여 살리는 양분을 창조하고 있다.

누가 의도했는지 모르겠지만 지구상에 살고 있는 모든 생물은 철저하게 엮여 있다. 인터넷 사이트 가운데 인맥을 찾을 수 있는 프로그램이 있다. 어떤 사람을 찾으면 그 사람과 관계가 있는 인맥을 보여 준다. 하지만 정확하게 인맥을 찾아내는 프로그램이라면, '나'를 써 넣었을때, 지구상에 존재하는 모든 생물들이 떠야 할 것이다. 우리는 사슬

식물의 광합성 요리 시간

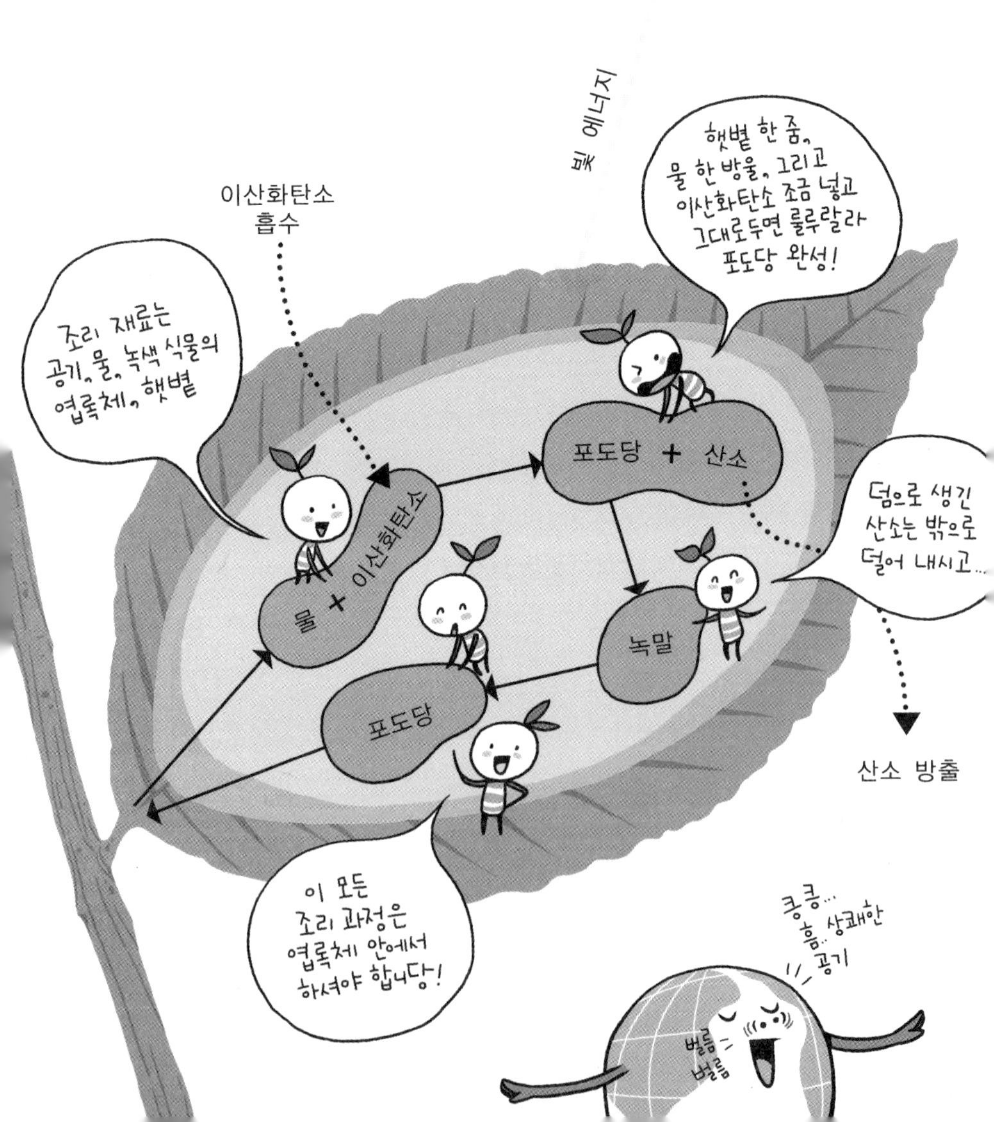
빛 에너지
햇볕 한 줌, 물 한 방울, 그리고 이산화탄소 조금 넣고 그대로 두면 룰루랄라 포도당 완성!
이산화탄소 흡수
조리 재료는 공기, 물, 녹색 식물의 엽록체, 햇볕
물 + 이산화탄소
포도당 + 산소
덤으로 생긴 산소는 밖으로 덜어 내시고...
녹말
포도당
산소 방출
이 모든 조리 과정은 엽록체 안에서 하셔야 합니당!
킁킁... 흠.. 상쾌한 공기
벌름 벌름

로 엮여 있다. 먹이 사슬. 그렇다면 먹고 먹히는 먹이 사슬의 맨 처음은 무엇일까? 바로 그 처음에 어떤 존재의 창조 작업이 있다. 우리는 그 창조 작업을 이렇게 말한다. 광합성이라고.

광합성은 녹색 식물이 빛 에너지를 이용해 이산화탄소와 물로부터 포도당이라는 탄수화물을 생산해 내는 과정을 말한다. 무에서 유를 창조하는 이 마술 같은 과정은 녹색 식물의 세포에 있는 엽록체라는 곳에서 일어난다. 이때 아주 정교한 작업 공정을 여러 단계 거친다. 이 공정이 일어나는 작업장은 생김새부터 평범하지 않다. 타원형의 둥근 작업장 속에 작은 원반 모양의 장치들이 기둥을 이루며 빽빽이 쌓여 있다. 너무 많이 쌓여 있어 어디서 무슨 일이 일어나는지 볼 수조차 없을 듯하다. 광합성의 시작은 이 작은 원반 껍질에서부터 일어난다. 신기하게도 이 작업장은 햇빛을 잘 받기 위해 위치와 방향을 바꿀 수 있게 만들어져 있다. 마치 광센서를 단 채 떠다니는 성처럼 말이다. 창조 작업에서 핵심 기술은 빛을 모아 전기를 띤 작은 알갱이인 전자를 만들어 내는 것에 있다.

자, 먼저 원반 모양의 껍질에 있는 여러 개의 안테나로 빛을 모은다. 세상에 있는 모든 것들이 빛을 쪼인다고 전자를 만들어 내지는 않는다. 하지만 이 작업장에는 아주 특별한 발명품이 있는데 바로 '엽록소'이다. 엽록소는 특정한 주파수대의 빛을 흡수한다. 사람들이 감정에 복받치다 눈물을 흘리는 것처럼, 흡수된 빛은 전자를 흥분시키고, 에너지가 높아진 전자 하나를 튕겨 낸다. 전자를 계속 튕겨 내기 위해서는 물의 도움이 필요하다. 물은 빛에 의해 분해되어 튕겨 나간 전자의 빈 자리를 채운다. 이 과정에서 산소가 덤으로 생긴다.

튕겨 나간 전자는 여러 단계를 거쳐 차례차례 전달되면서 결국 ATP와 NADPH를 만들어 낸다. ATP는 자동차의 휘발유와 같은 역할을 하고, NADPH는 자동차의 엔진 오일, 윤활유와 같은 역할을 한다.

이렇게 준비가 끝나면, 본격적으로 포도당을 생산하기 위한 공정이 시작된다. 공정의 시작은 공기 사냥이다. 물론 모든 공기를 사냥하는 것은 아니다. 공기 중에 있는 이산화탄소만을 뽑아낸다. 그리고 이산화탄소의 탄소들을 주렁주렁 포도송이처럼 연결한다. 이 과정에서 ATP와 NADPH를 사용한다. 이렇게 몇 개의 이산화탄소 안에 있는 탄소 6개를 줄줄이 엮은 것이 포도당이다. 이 포도당을 한도 끝도 없이 길게 연결해서 똘똘 말면 녹말이 된다. 녹말은 탄소가 수만 개 이상 붙어 있는 뚱뚱한 분자다. 그러니까 이 작업장에서는 공기 중의 이산화탄소를 가져다 빛 에너지와 정교한 작업장의 여러 장치들을 이용해서 훌륭한 먹을거리를 만드는 것이다. 그리고 덤으로 산소까지 함께 만든다. 이런 마술이 이루어지는 작업장이 바로 엽록체다. 식물에 따라 한 세포 안에 수십에서 수백 개 정도의 엽록체 작업장이 있다.

엽록체에서 만들어진 녹말은 먹이 사슬의 출발점에서 든든한 양분을 제공해 그 사슬이 안정적으로 유지되도록 해 준다. 우리도 그 사슬의 맨 꼭대기에서 감사하게도 그들의 작업에 의지해 살고 있다. 예를 들어 우리가 주식으로 먹는 벼는 광합성을 통해 양분을 생산한다. 아무리 이것저것 먹어도 밥 한 술 안 먹으면 왠지 허전해지는 한국인은 광합성에 의지해서 살고 있는 것이다. 통닭을 먹는다고 해도 마찬가지이다. 닭은 식물의 광합성을 통해 만들어진 영양분을 사료로 먹으며 성장하고 있고, 우리는 먹이 사슬의 한 단계를 건너 통닭을 먹는 것이다. 바다에 사는 고등어를 먹으면 광합성에 의지하는 것이 아니라고? 글쎄, 그럼 이제 바다로 가 볼까?

수심 200m 아래는 지상에서 들어오는 빛의 99%가 차단된다. 정확히 말하면 빛이 바닷물 속에 흡수되어 버린다. 그렇다면 아무것도 없다는 이야기인가? 빛마저도? 도대체 아무것도 보이지 않는 이곳에 어떤 생물이 살 수 있단 말인가? 산다고 한들 그들은 무슨 수로 이 어둠에서 무언가를 본다는 말인가? 빛이 사라진 바다, 하지만 바닷속에서 소리는 속도가 4배나 빨라진다. 엄청난 빠르기로 전달되는 소리는 눈을 대신하기에 충분할 것이다. 맹인의 귀가 눈을 대신하듯이.

머릿속에 그려 보자. 수백만 마리의 정어리 떼는 요란한 굉음을 내며 무리 지어 이동한다. 물 위에는 정어리 떼를 쫓는 수천 마리의 새들이 물속으로 곤두박질한다. 그 새들을 따라 어선들도 속력을 올리고 있다. 아무리 사나운 상어도 정어리 떼의 중심으로 뚫고 들어갈 수는 없다. 너무나 빽빽하게 들어차 있어 들어간다고 해도 군침 도는 먹잇감을 향해 입을 벌릴 한 치의 틈도 없기 때문이다. 한바탕 소란이 지나가면 순간, 정적이 찾아온다. 간신히 들어온 얼마 안 되는 빛, 수면에서 그리 깊지 않다고 해도 주변은 어둑하다.

어둠 속에서 갑자기 군무가 펼쳐진다. 그들의 생김새는 마치 우주선이나 작은 장구벌레, 아니면 꽃, 작고 예쁜 동그라미처럼 보인다. 가끔 보이는 큰 것은 20cm쯤 되지만 보통은 작은 먼지 정도다. 이들의 생김새를 자세히 보려면 조심스레 물을 떠 와서 현미경에 눈을 들이대고서야 볼 수 있다.

그들의 이름은 플랑크톤이다. 플랑크톤은 그리스어로 "방랑자"라는 뜻이다. 그들이 사는 모습에 딱 어울리는 이름이다. 그들은 말 그대로 이리저리 떠다니고 있다. 그들 중에는 평생 동안 자신의 뜻과는 상관없이 흐르는 물에 떠다니는 것들도 있고, 어릴 적에만 떠다니다가 어른이 되면 헤엄을 치는 것들도 있다.

이들 중에도 육지의 식물처럼 엽록체를 가지고 양분을 만들어 내는 플랑크톤이 있다. 광합성을 하는 식물성 플랑크톤. 그들은 어디에서 왔을까? 또 어디로 가는 것일까?

그들 가운데 '돌말'이라는 녀석이 있다. 유리로 만든 상자처럼 생겼다. 뚜껑이 열리는 상자처럼. 표면은 장인의 손으로 조각한 것 같은 정교한 무늬가 있어 무척 화려하고 아름답다. 이들은 번식할 때 뚜껑이 열리듯 정확하게 둘로 나뉜다. 그리고 곧 다시 새로운 뚜껑이 만들어져 원래처럼 온전한 모습을 갖추게 된다. 세공이 잘된 이 상자 안에는 엽록체가 들어 있다. 이 엽록체도 정교한 생산 과정을 거쳐 양분을 만들어 낸다. 물속에 녹아 있는 이산화탄소와 빛을 이용해서 포도당을 만든다. 이 돌말은 스스로 양분을 만들어 생명을 유지하면서 기꺼이, 아니 어쩌면 운명적으로 바닷속 생물들의 먹이 사슬에 가장 밑에서 전체 바다의 생명을 책임지고 있다.

또 다른 방랑자는 와편모조류. 이름에서 알 수 있듯이 이들은 빈약하지만 수염을 두 개씩 달고, 그 수염을 써서 조금씩 움직인다. 와편모조류가 왕성하게 번식할 때는 바닷물 1리터당 200만에서 많게는 800만 마리까지 생긴다. 와편모조류가 많이 생기면 주변의 어류들이 떼죽음을 당하기도 한다. 엄청나게 많은 와편모조류가 물속의 산소를 다 소비해 버리기도 하고, 또 어류의 아가미를 막아버리는 경우도 생기기 때문이다. 이런 현상을 적조 현상이라고 한다. 와편모조류 중에는 빛을 내는 것들도 있는데 이들이 빛을 내면 밤바다에 아지랑이가 피어오르는 것 같다.

방랑자 플랑크톤 중에는 20마이크로미터(0.02mm)가 안 되는 것들이 있다. 남세균 또는 남조류라고 하는 녀석들이다. 이들은 주로 따뜻한 열대 바다에 살며, 엽록소를 가지고 있다. 남세균은 서로 얽혀 있기 때문에 늘 무리를 지어 있다. 그래서 이들이 사는 곳은 바다 색이 다르게 보인다. 성경에 "홍해가 핏물로 변한 재앙이 있었다"고 나오는데 그것은 남세균이 많이 번식해서 붉은색으로 변한 현상이다. 남세균은 전체 바다에서 생산되는 영양의 1/3을 생산한다.

우리가 보는 바다는 생명체가 많지 않은 사막처럼 보인다. 그러나 그 파란 사막 속에는 헤아릴 수 없는 많은 생명체들이 와글거리며 살고 있다. 파란 사막 속의 작은 생명체들은 지구 생태계를 먹여 살리기 위해 부지런히 움직이고 있다. 지구 생태계 생산량의 절반이 파란 사막에서 만들어진다. 끊임없이 생산해 내는 플랑크톤, 태어나서 지금까지 끊임없이 소비만 해 대고 있는 우리 인간이 문득 부끄러워진다.

여기는 우주선! 산소 탱크가 바닥나고 있다!

우주선의 산소 탱크가 바닥난다면 어떤 일이 일어날까요? 으, 상상만 해도 공포와 절망감이 밀려옵니다.

그런데 사실 우리 지구는 좀 큰 우주선이에요. 지구 우주선에는 지구 밖에 있는 어떤 물질도 드나들 수 없습니다. 물론 인공위성이나 우주선 혹은 운석 들이 왔다 갔다 하지만 그건 아주 드문 일인데다가 지구 전체의 질량을 생각한다면 무시해도 될 만한 일이니까 그건 생각하지 말고요. 오직 태양 에너지만이 지구 우주선을 비추고 있습니다. 공기도 외부에서 들어오거나 우주로 나가지도 않아요. 당연히 지구의 생물이 생존하는 데 필요한 산소도 들어올 수 없습니다. 지구 안에서 스스로 해결해야만 합니다.

그렇다면 지구라는 우주선에 산소를 공급하는 장치는 무엇일까요? 바로 식물의 광합성입니다. 이산화탄소를 산소로 바꿔서 대기 중으로 내보내는 광합성을 통해 지구 대기 중에 최초로 산소가 생겨나게 되었고, 지금까지도 지구에 산소를 공급하고 있어요. 지구에 처음으로 산소를 만든 것은 남조류예요. 남세균이라고도 하는데, 남세균은 플랑크톤 종류예요. 지구 대기 중 산소의 3/4을 바다에 사는 식물성 플랑크톤이 만들어 냈답니다.

그런데 1950년대부터 식물성 플랑크톤이 40%나 줄었다는 연구 결과가 나왔어요. 그 원인으로 지구 온난화를 꼽고 있고요. 식물성 플랑크톤이 줄어들면 어떤 일이 생길까요? 식물성 플랑크톤이 줄어들면 가장 먼저 바다의 먹이 사슬이 위태로워지겠지요. 식물성 플랑크톤은 동물성 플랑크톤의 먹이가 되고, 동물성 플랑크톤은 작은 어류의 먹이가 되고, 작은 어류는 큰 어류의 먹이잖아요. 그런데 먹이 사슬의 첫 단계가 급격하게 줄어드는 것이니 그 사슬에 연결되어 있는 생명체들이 모두 영향을 받게 될 거예요. 마치 높은 건물의 1층이 흔들거

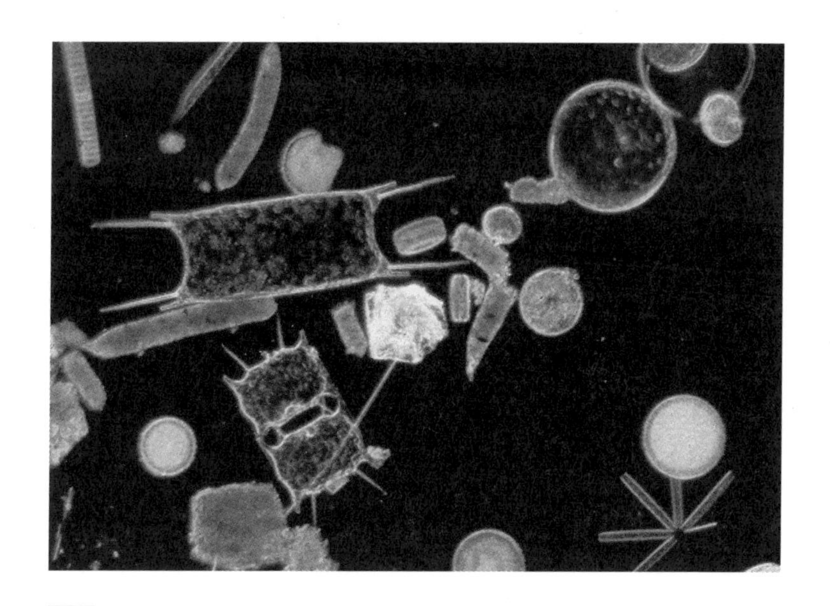

플랑크톤은 산소를 생산하며, 해양 생물들의 먹이가 되는 소중한 존재이다.

리는 것과 같은 거죠. 또 식물성 플랑크톤은 광합성을 하면서 산소를 만들어 내니까 산소 양도 줄어들 것이고, 광합성을 하는 과정에서 이산화탄소를 산소로 바꾸는데 그 과정도 적어지니 대기 중 이산화탄소의 양도 늘겠지요.

한마디로 난감한 상황이 생기는 거지요. 전체 바다에서 1년에 1%씩 플랑크톤이 줄어들고 있답니다. 그렇다면 왜 플랑크톤이 줄어드는 것일까요? 기후 변화를 연구하는 학자들은 해수면의 온도가 올라가면서 해수가 잘 순환되지 않기 때문이라고 추리하고 있습니다.

식물이 잘 자라려면 땅에 영양 성분이 많이 있어야 해요. 광합성을 하는 식물도 질소, 인, 칼륨 같은 영양 성분을 적절하게 공급받아야

잎도 커지고 모양도 반듯하게 잘 크고 뿌리도 튼튼해지는 거랍니다. 그래서 농부들은 농사를 짓고 나면 일정 기간 동안 땅을 쉬게 하거나 비료를 뿌리거나 콩을 심어 땅심을 좋게 하기도 해요. 콩은 공기에서 질소를 잡아서 땅에 뿌리는 구실을 하기 때문이지요. 바다도 마찬가지예요. 영양 성분이 많아야 식물성 플랑크톤이 잘 자라요. 식물성 플랑크톤이 광합성을 활발히 하려면 튼튼해야 하는데 바닷속에 녹아 있는 "영양염"이 플랑크톤을 튼튼하게 만들어 줘요. 바닷속에 사는 생물이 죽어서 분해되면서 만들어지는 영양염은 중저층수에 많이 있고요, 육지에서 비료나 축산 폐수 같은 각종 유기 물질 때문에 생긴 영양염은 바닷가 부근에 많아요. 그러니까 비료를 듬뿍 뿌린 것처럼 영양이 좋은 환경이 중저층수와 해안가에 만들어진다는 말이지요. 플랑크톤도 이런 환경에서 잘 자라겠지요.

하지만 중저층수에는 햇빛이 닿지 않아서 플랑크톤이 번식하기 좋은 환경은 아니에요. 그런데 중저층수가 위로 올라와 햇빛이 풍부한 곳에 오게 되면 달라지겠지요. 아래에 있는 중저층수가 위로 잘 올라올 수 있는 조건이 식물성 플랑크톤이 튼튼하게 잘 자라는 환경이란 거죠. 그런데 찬물이 들어 있는 욕조에 따뜻한 물을 채우고 나서 손을 넣어 보면 물의 윗부분과 아랫부분의 온도가 다른 것을 알

바닷속 동물들의 기상천외하고 유쾌한 이야기를 담은 만화 영화 〈스폰지밥〉에 등장하는 스폰지밥과 플랑크톤. 해면을 캐릭터로 한 스폰지밥은 매우 낙천적이고 순진한데, 플랑크톤은 맨날 친구들을 괴롭히는 귀여운 악역으로 등장한다.

수 있어요. 온도가 높은 물은 밀도가 작아 위에 떠 있는 게 안정적이기 때문에 일어나는 현상이에요. 바다에서도 지구 온난화로 해수면의 온도가 평소보다 많이 올라가면 온도가 높은 표층의 물은 위에만 있으려고 하겠지요. 그래서 바닷물의 위와 아래가 고루 섞이지 못하게 돼요. 순환이 잘 안 되는 거지요. 그렇기 때문에 지구 우주선의 산소 탱크인 식물성 플랑크톤이 점점 줄어들게 되는 거예요. 이 연구를 한 캐나다 댈하우지대학의 보리스 웜 교수의 말을 들어 볼까요?

"식물성 플랑크톤은 바다의 화폐 같은 존재입니다. 화폐의 통화량이 줄어들면 경제가 악화되고 이것이 공황 상태를 일으킨다는 건 다들 아시지요. 플랑크톤의 감소는 바다를 공황 상태로 빠트릴 것입니다. 또 플랑크톤이 줄어들면 당연히 광합성 양도 줄어들어 기후 변화의 폭이 더 커질 수밖에 없답니다."

온실가스가 어떻게 지구의 온도를 높이는 것일까?

해가 뜨기 전 동쪽 하늘에서나, 해가 진 직후 서쪽 하늘에서 너무 밝게 반짝거려 혹시 인공위성이 아닌가 착각할 정도인 별이 있지요. 바로 금성입니다. 샛별, 개밥바라기라고도 하지요.

여기서 잠깐. 사실 별은 스스로 빛을 내는 천체들을 말해요. 정확히 말하면 금성은 우리 지구처럼 태양계 행성이에요. 스스로 빛을 낼 수 없지요. 하지만 별처럼 유난히 반짝거립니다. 그 이유는 짙은 대기 때문에 태양빛이 많이 반사되기 때문이에요. 금성은 짙은 대기에 싸여 있어서 표면 온도가 무척 높아요. 500℃ 가까이 되죠. 금성 표면에 이산화탄소가 가득해요. 지구와 달리 금성은 대기의 97% 정도가 이산화탄소거든요.

금성의 대기를 연구하던 과학자들은 지구 대기 중에서도 이산화탄소와 같은 구실을 하는 기체들을 찾아냈어요. 오존, 프레온 가스, 수증기, 질소 산화물 그리고 메탄이랍니다.

먼 길을 달려 지구에 닿은 태양 에너지는 지표에 절반 정도만 도달해요. 나머지는 대기에서 바로 우주로 반사되거나 대기에 흡수되지요. 지표에 흡수된 50%의 에너지는 적외선으로 형태가 바뀌어 다시 방출됩니다. 만약 지표에서 방출된 50%의 에너지마저 우주로 몽땅 나가 버렸다면 지구는 밤마다 얼음처럼 차가운 행성이 되었을 거예요. 다행히도 지표에서 방출된 이 50% 에너지의 일부는 방출되지 않고 이산화탄소, 수증기, 메탄, 오존에 흡수되어서 다시 지표로 돌아옵니다. 그리고 지표는 태양 에너지에서 받은 에너지와 대기에서 받은 에너지를 합해서 다시 방출하지요. 그러면 다시 일부는 되돌아오고 또 내보내고, 그렇게 빙글빙글 순환하면서 지구는 일정한 온도를 유지하게 되지요.

지구에서 내보내는 적외선을 흡수하는 기체가 늘어나지 않는 한 지구에는 똑같은 양의 에너지가 순환하겠지요. 이런 현상이 온실과 같다고 해서 '온실 효과'라고 한답니다. 이때 지구가 내보내는 적외선을 흡수하는 기체 다시 말해, 온실 효과를 일으키는 기체를 온실가스라고 해요. 그런데 만약 적외선을 흡수하는 기체가 많아진다면 어떻게 될까요? 지구로 돌아오는 에너지가 더 많아지겠죠. 그러면 지구의 온도가 더 높아져요. 물론 내보내는 에너지와 흡수하는 에너지의 전체 양이 같아져서 온도는 다시 일정하게 유지될 거예요. 하지만 온실가스가 계속 늘어나면 어떻게 될까요? 지구의 온도가 계속 올라가게 될 거예요.

눈곱만큼 있는 이산화탄소가 지구의 온도를 올린다고?

이산화탄소는 대기 중에 0.03%밖에 없는데 어떻게 지구의 온도를 올릴 수 있을까요? 그런데 실제로 지구의 온도를 올리는 것은 이산화탄소가 아니라 대기의 대부분을 구성하고 있는 질소와 산소예요. 질소와 산소 분자가 마구 움직이면 열에너지가 생기거든요. 그런데 이 질소와 산소 분자를 흔드는 게 이산화탄소예요. 이산화탄소를 움직이는 건 적외선이고요. 적외선은 지구가 태양에서 에너지를 받고 나서 다시 내놓을 때 나와요. 적외선이 이산화탄소를 마구 빙글빙글 돌리기도 하고 흔들기도 하는데 이때 주변에 많이 있던 질소와 산소가 영향을 받아 움직이게 되는 거지요. 그럼 적외선이 질소나 산소를 직접 흔들지는 못하나요? 적외선은 질소나 산소 분자처럼 같은 원자 두 개로 이루어진 분자들은 흔들지 못해요. 이산화탄소나 메탄, 수증기, 프레온처럼 서로 다른 원자들이 결합한 분자들이 적외선에 잘 흔들린답니다. 적외선이 온실가스를 흔들고, 온실가스가 질소와 산소를 흔들어서 열이 일어나게 됩니다. 그래서 지구의 온도가 올라가는 거예요.

기후 변화 때문에 온갖 기상 이변이 일어나는 원인이 바로 이산화

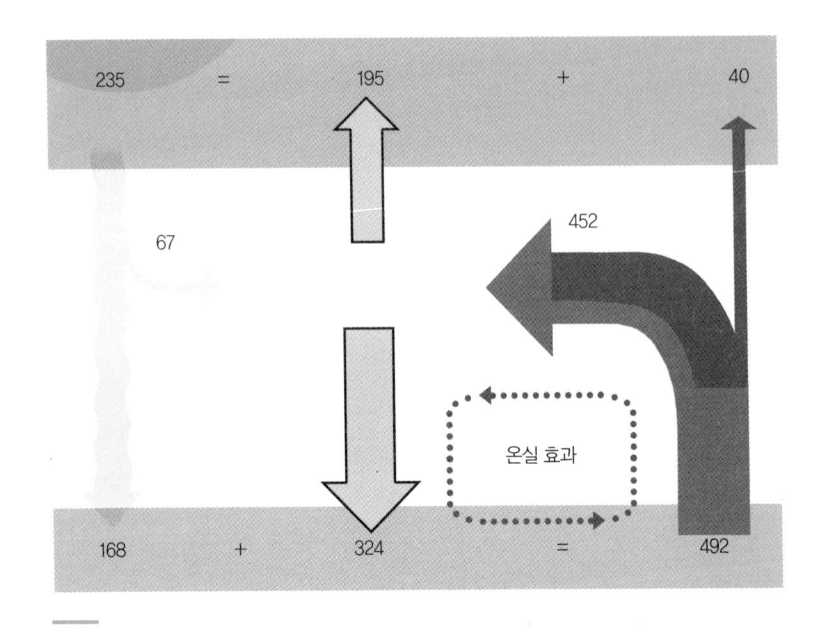

지구의 온실 효과. 지구는 태양에서 받은 에너지만큼 밖으로 내면서 에너지의 균형을 이룬다. 이때 지구에서 내보내는 에너지 중에는 온실가스에 의해 흡수되었다가 다시 지구로 들어가는 에너지가 있는데 이 때문에 지구는 온화한 기온을 유지한다.

탄소를 중심으로 하는 온실가스들 때문인 거죠. 그렇다고 온실가스가 다 없어져야 한다고 생각하지는 마세요. 만약 이들이 다 없어진다면 지구는 수성처럼 낮에는 지옥처럼 덥고, 밤에는 모든 것이 다 꽁꽁 얼어 버릴 만큼 추울 테니까요. 지구는 온실가스 덕택에 지금과 같은 적당한 온도를 유지할 수 있는 거랍니다. 다만, 문명이 발전하면서 온실가스가 비정상으로 늘어나는 게 문제이지요.

공장이 많아지고 자동차와 비행기 이용이 늘면서 이산화탄소의 양이 늘어나기 시작했습니다. 또 농업과 축산업의 규모가 커지면서 메탄도 늘어났습니다. 메탄은 산소가 없는 환경에서 사는 박테리아가 유기물을 분해할 때 만들어집니다. 소나 양, 염소처럼 되새김질을 하는 동물의 위에서도 만들어지고 논이나 늪, 호수 같은 곳에서도 만들어집니다. 인구의 증가로 논이 늘어나고, 지나치게 육식을 즐기는 식생활 때문에 메탄이 비정상적으로 늘어난 거예요. 냉매나 살충제에 쓰는 프레온 가스나 질소 비료를 쓰는 경작지에서 대량으로 나오는 질소 산화물 때문에 자연 상태보다 그 양이 더 늘어나게 되었어요. 먹고 소비하는 인간의 활동 때문에 생긴 일이에요. 그러니까 기후 변화에 슬기롭게 대처하려면 온실가스만 미워해서는 안 되겠지요. 그런 결과를 만들어 낸 우리의 생활 방식을 고민해 봐야 합니다.

우리가 기후 변화를 막기 위해 협약을 맺을 때 이산화탄소 이야기를 가장 많이 합니다. 온실가스 중에서 이산화탄소가 가장 막강한 힘을 가지고 있어서 그럴까요? 오히려 분자당 온실 효과를 일으키는 힘은 메탄이 25배나 세답니다. 그렇다면 왜 이산화탄소를 지구 온난화와 기후 변화를 일으키는 주된 원인으로 이야기할까요? 이산화탄소는 분자당 온실 효과를 일으키는 힘은 작은데 그 양이 메탄이나 다른 온실가스보다 훨씬 많습니다. 그래서 지구 온난화를 일으키는 가장 큰 원인으로 꼽히는 거지요.

이산화탄소의 탄생

태양은 어떻게 탄생했을까요? 우리가 사는 지구는요? 태양은 우주 공간을 떠도는, 상상할 수 없을 만큼 무지무지 큰 먼지 덩어리들이 뭉

많은 양의
물방울들이
비가 되어
내린다
지구의 온도가
식으면서 대기 중의
수증기가 물방울로
변한다.
수증기와
이산화탄소
이곳은 과거의 지구!
여러분은 지금
비가 내려 바다가
만들어지는 현장을
보고 있습니다!
촤르륵...
미행성하고
충돌하면서 지구를
구성하는 물질이
녹아 만들어진
표면
치이이...
치익...

쳐져서 만들어졌어요. 태양은 회전하며 점점 커졌는데 이때 중력도 함께 커졌어요. 중력이 커지니 주변의 찌꺼기들을 끌어당기는 힘도 커졌지요. 태양은 상상할 수 없을 만큼 많은 찌꺼기들을 끌어당겨 몸집을 키웠어요. 이때 태양에 합쳐지지 못한 것들은 자기들끼리 뭉쳐서 태양 주변을 도는 행성이 되었는데, 지구도 이때 태어났어요.

처음 지구는 지금처럼 크지 않았어요. 지금의 달처럼 아주 작고 아담한 크기였지요. 그런데 지구도 주변의 아주아주 작은 행성들을 끌어당기면서 지금의 지구처럼 커진 거예요. 참, 말은 쉽습니다. 하지만 지구가 탄생한 과정을 보면 고난의 역사입니다. 지구는 주변의 찌꺼기들을 끌어당겨요. 찌꺼기라고 말하지만 덩어리가 상당히 크겠지요. 이 덩어리들이 엄청난 속도로 끌려와 순식간에 "꽝" 하고 충돌을 해요. 굉장한 폭발과 함께 말입니다. 한두 개가 아니라 우리가 셀 수 있는 범위를 넘어섰지요. 상상할 수 없을 만큼 많은 덩어리들이 끌려와 지구와 끊임없이 충돌하면서 폭발했어요. 지구가 지금 크기로 성장하는 데 1억 년쯤 걸렸어요. 그런데 충돌하면서 화산이 폭발할 때 지구의 표면을 이루고 있던 물질 중에서 가스 성분들이 튀어나와 지구를 둘러싸게 됐답니다. 그러니까 이때 이산화탄소가 생기게 된 거지요.

바다의 탄생

이제 바다가 어떻게 만들어졌는지 알아볼까요?

아주아주 작은 미행성이 충돌할 때 엄청난 열이 생긴다는 건 쉽게 상상할 수 있지요. 수증기와 이산화탄소로 이루어진 대기의 온실 효과가 없었다면 그 열은 그냥 우주로 빠져나가 버렸을 거예요. 그랬다면 아마도 지구는 생명체가 살 수 없는 사막 같은 행성이 됐을 거예요. 하지만 빼곡히 차 있던 수증기와 이산화탄소 덕분에 열이 지구에 머물게 되었고, 그 열 때문에 지구 표면은 몽땅 다 녹아 버렸어요. 화산이 폭발해 마그마가 용암으로 분출되는 것처럼 지구 표면은 지구를 구성하는 물질이 녹아서 만들어진 마그마로 뒤덮였답니다. 이 상태가 계속되었다면 우리는 태어나지도 못했을 거예요.

이때 행운의 여신이 지구한테 살짝 윙크를 했어요. 아주아주 작은 미행성의 충돌이 천천히 잦아진 거예요. 충돌할 만한 미행성이 더 이상 남아 있지 않았거든요. 그래서 지구의 온도는 천천히, 아주 천천히 식기 시작했어요. 지구의 온도가 식으면서 대기 중의 수증기도 아주 천천히 식어 물방울이 되었지요. 물론 수증기가 식을 정도로 충분히 온도가 내려간 건 아니었지만, 워낙 대기가 빽빽해서 압력이 세다 보니 300℃쯤에서도 수증기가 물로 변할 수 있었던 거예요. 이 물방울들이 비로 변해서 내리기 시작했답니다. 아주아주 오랫동안, 엄청나게 많은 비가 내렸어요. 한번 내리기 시작한 비는 멈추지 않고 내려서 뜨겁던 지구를 아주 천천히 식혔답니다. 온도가 내려가니 끈적거리던 마그마가 굳어서 암석이 되었는데, 그것이 지구의 껍질인 지각이 된 거지요. 멈추지 않고 내리던 비는 지각 위를 흐르고 흘러 지면이 낮은 곳에 고였어요. 지구에 거대한 물웅덩이가 생긴 거예요. 그 웅덩이가 바로 지금의 바다랍니다. 빗물이 고여 바다가 생기다니, 우리가 상상할 수 없는 일이 까마득히 먼 옛날에 있었던 거지요.

지구가 지금의 모양새와 비슷한 꼴을 갖추었을 때 대기 중에는 이산화탄소가 대부분이었어요. 물론 아주 오랫동안 비가 내리면서 이산화탄소도 조금씩 빗물에 녹아 줄어들었지만 그래도 여전히 대기 중에는 이산화탄소가 상당히 많이 있었어요. 이때 나타난 이산화탄소 청소부가 있어요. 바로 바다랍니다.

바다는 대기 중의 이산화탄소를 청소하기 시작해요. 진공청소기처럼 엄청난 양의 이산화탄소를 빨아들여 바닷물 속에 녹이기 시작합니다. 바닷속에 녹아들어 간 이산화탄소는 거대한 암석으로 변했어요. 그것이 석회암이랍니다. 베트남의 하롱베이나 중국의 장가계 같은 아름다운 산은 바닷속에 오래도록 잠자고 있던 석회암 덩어리예요.

그리고 시간이 지나 광합성을 하는 생명체가 등장하면서 대기 중의 이산화탄소가 또 줄어들었지요. 바닷속에 녹아들어 있던 이산화탄소 가운데 일부는 새우나 조개 같은 바다 생물의 단단한 껍질을 만드는 데 쓰이기도 했어요. 이런 과정을 거치면서 그 많던 이산화탄소가 감쪽같이 모습을 감추었지요. 고작 0.03%만 남은 거예요.

지구는 무슨 색깔의 행성인가요? 푸른색이죠. 메탄가스 때문에 파란색으로 보이는 천왕성이나 해왕성하고는 다르게 구름과 바다가 섞여 있는 파란색이에요. 지구가 파란색으로 보이는 까닭은 바다 때문이에요. 지구 표면은 71%가 바다예요. 그리고 최초의 생명체는 바다에서 탄생해 30억 년 넘게 바다에서만 살면서 진화를 거듭해 육지로 상륙했습니다.

생명체가 탄생한 바다가 지구 표면에만 있는 것은 아닙니다. 우리 몸속의 70%는 바닷물과 같은 성분의 물로 이루어져 있으며 세상에

태양계의 행성들. 맨 앞줄 왼쪽부터 수성, 금성, 지구, 화성, 목성, 토성, 천왕성, 해왕성이다. 목성, 토성, 천왕성, 해왕성은 가스로 이루어진 행성이고 수성, 금성, 지구, 화성은 암석으로 이루어진 행성이다. 이 가운데 물이 있는 행성은 지구뿐이다.

태어나기 전에도 자궁 안의 바닷물 속에서 지냅니다. 우연만은 아니지요. 30억 년 동안 바닷속에서 진화해 온 흔적이 바다뿐만 아니라 육지 위에 있는 생명체 몸 안에도 흔적으로 남아 있는 것이겠지요.

지구를 지구地球라고 하는 까닭은 인간이 육지에서 살기 때문이에요. 하지만 엄밀하게 이야기하자면 땅을 뜻하는 지地 자를 쓰기보다는 물을 뜻하는 수水 자를 써 수구水球라고 해야 맞겠지요.

지구의 바다는 기후 변화와 관련해서도 많은 일을 하고 있어요. 바다는 거대한 열 저장고랍니다. 지구에 축적된 열에너지 가운데 80% 이상을 바다가 저장하고 있어요. 바다가 엄청난 양의 열을 저장할 수 있는 건 물이 가지고 있는 독특한 성질 때문이에요.

물은 산소 원자 하나에 수소 원자 두 개가 양쪽으로 붙어 있는 구조예요. 그런데 수소보다 산소가 전자를 끌어당기는 힘이 세서 둘이 붙

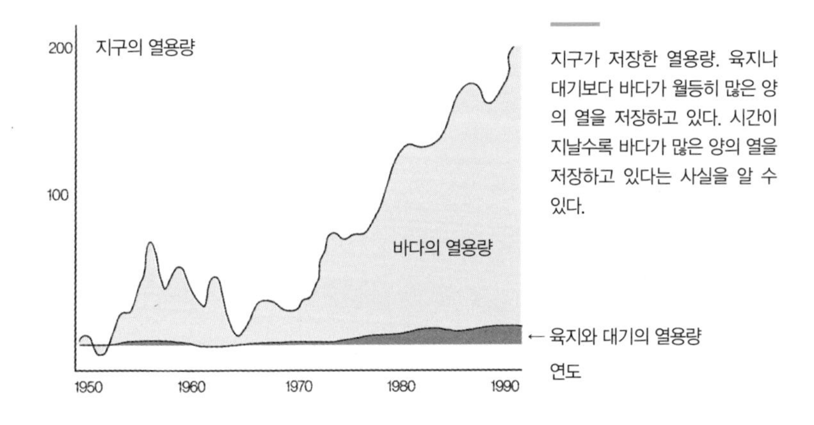

지구가 저장한 열용량. 육지나 대기보다 바다가 월등히 많은 양의 열을 저장하고 있다. 시간이 지날수록 바다가 많은 양의 열을 저장하고 있다는 사실을 알 수 있다.

어 있으면, 산소는 약한 −전기를, 수소는 +전기를 띠게 됩니다. 이렇게 서로 다른 전기를 가지고 있는 물체는 서로 잡아당깁니다. 마치 정전기가 일어난 비닐에 종이가 달라붙듯이 말이에요. 그래서 물 분자는 이웃하는 물 분자와 달라붙게 됩니다. 물 분자의 산소 원자와 이웃하는 물 분자의 수소 원자가 서로 성질이 다르기 때문에 달라붙는 거예요. 이런 결합을 "수소 결합"이라고 하는데 물은 이 수소 결합 때문에 많은 특징을 가지게 됩니다. 바다가 많은 열을 저장할 수 있는 것도 바로 이 결합 방식 때문이에요.

보통 액체는 가열하면 에너지를 받아 분자 운동이 활발해지고 온도가 쉽게 올라가요. 그러나 물은 가열해도 분자들이 서로 쉽게 떨어지지 않아요. 물 분자를 이루는 산소와 수소 원자를 떼어 내려면 에너지가 많이 필요하거든요. 그래서 물은 열을 가열해도 아주 천천히 온도가 올라가고 식을 때도 아주 천천히 식지요. 이런 성질 때문에 바다는 많은 양의 열을 저장하며 지구의 기후를 온화하게 만들고 있어요.

최근에는 기후 변화 때문에 이산화탄소가 공공의 적이 되고 덩달아 탄소도 같이 싸잡아서 나쁜 놈이 된 것 같아요. 아마 이산화탄소나 탄소 입장에서는 많이 억울할 거예요. 탄소는 생명체를 구성하는 기본 물질이거든요. 우리 몸을 튼튼히 하는 3대 영양소인 탄수화물, 단백질, 지방은 모두 탄소가 주요한 구성 성분이에요. 또 대기 중에 이산화탄소가 없다면 먹이 사슬은 무너져 버리고 말아요. 식물이 광합성을 할 수 없으니까요.

탄소는 지구 곳곳에 다양한 형태로 존재하고 있어요. 땅속, 바위, 대기, 생명체 속에 있지요. 탄소들은 가만히 정지해 있지 않고 모양과 형태를 바꾸어 가며 지구 여기저기를 빙글빙글 돌고 있어요. 지금도 멈추지 않고 계속 빙글빙글 돌고 있어요. 자. 이제 멀미가 날 정도로 어지럽지만, 엄격한 질서가 있는 탄소의 순환을 한번 따라가 볼까요?

탄소는 대기 중에 있을 때는 이산화탄소의 모습으로 있어요. 오랫동안 허공에 머물던 이산화탄소는 녹색 식물의 잎으로 들어가 광합성 과정에 참여해요. 놀라울 정도로 정교한 과정을 거치며 이산화탄소는 녹색 식물의 싱싱하고 단단한 몸을 구성해 식물의 일부가 됩니다. 산소를 깊숙이 들이마신 녹색 식물은 포도당을 분해해 에너지를 끌어내어 쓰지요. 씨앗을 틔우고 세포를 늘리는 온갖 생명 활동에 에너지를 씁니다. 이 과정에서 이산화탄소는 다시 공기로 되돌아가지요.

시간이 흘러 녹색 식물은 죽음을 맞게 되고 서서히 분해되기 시작해요. 식물의 몸 안으로 들어가 식물의 한 성분이 되었던 탄소는 흙이

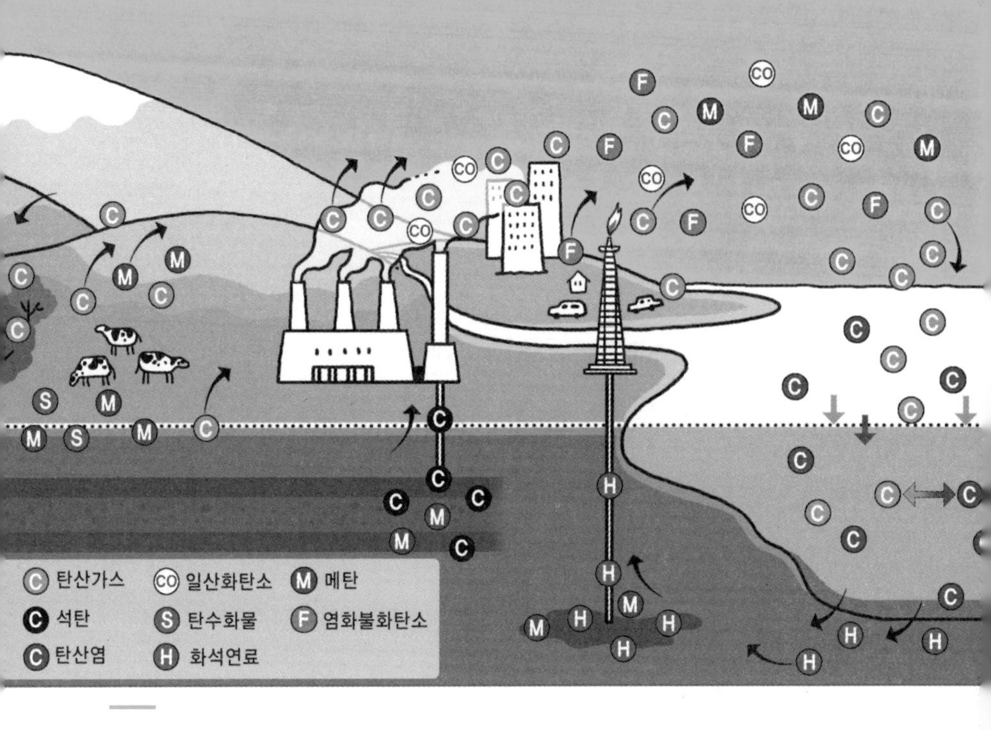

지구상에 존재하는 온실가스들

됩니다. 또 식물의 열매를 따 먹은 새가 몸 밖으로 배설물을 내보낼 때도 탄소가 함께 나와 흙의 일부가 되지요.

비가 내리면 빗물이 토양을 적시다 작은 시내를 만들어 흐르기 시작합니다. 흙 속에 있던 탄소도 시냇물과 함께 여행을 하죠. 운이 좋다면 큰 강줄기를 만날 테고, 탄소는 바다로 보내질 거예요.

바다로 간 탄소는 탄산염의 모양으로 바다의 일부분이 될 거예요. 탄소는 식물성 플랑크톤이나 해조류의 광합성 작용으로 유기물 형태로 변합니다. 일부는 단단한 껍질을 필요로 하는 새우나 산호의 몸이 되겠지요. 그 나머지들은 깊이를 알 수 없는 바다에 가라앉아 단단한 석회암이 됩니다. 아마 오랜 세월이 지나 바다가 땅으로 솟아오르는 지각 변동이 일어나면 석회암은 기기묘묘한 모양의 산이 되어 우리 앞에 다시 우뚝 나타날 거예요. 아니면 더 깊은 곳, 지각 아래 맨틀로 끌려들어 가 뜨거운 시간을 보내다 땅이 토해 내는 뜨거운 김과 함께 화산 가스로 분출되어 공기 중으로 돌아올 수도 있겠지요.

우리 인간은 헤아릴 수도 없는 억겁의 시간을 지나서 돌아온 이산화탄소는 다시 허공을 배회하다 순환의 시간에 몸을 던질 겁니다. 녹색 식물의 몸이 되고, 녹색 식물로 허기를 달랜 동물의 몸이 되고, 그 육체들이 죽어서 운 좋게 산소가 없는 깊은 지하 세계에 묻혀서 엄청나게 오랜 시간을 보내면 사람들이 열광하는 석탄이나 석유가 될 수도 있을 거예요. 탄소는 석탄이나 석유가 되어 공장의 기계를 돌리기도 하고 자동차도 굴리겠지요.

공장의 기계를 돌린 뒤 높다란 굴뚝으로 빠져나온 탄소는 이산화탄소의 형태로 다시 공기 중으로 돌아와 세상을 내려다봅니다. 그러다 내리는 비에 쓸려 바닷속으로 들어가기도 하고, 그냥 제 몸을 바다에 던져 탄산염이 될 수도 있겠지요. 만약에 바다의 온도가 올라가면 바다는 미련 없이 탄소를 이산화탄소의 형태로 다시 공기 중으로 돌려보낼 거예요. 지금의 지구는 이런 자연스러운 순환 과정을 거치면서 가장 안정되고 균형 잡힌 상태가 되었어요. 현재 대기 중에는 0.03%의 이산화탄소가 있어요.

탄소는 끝이 나지 않는 이야기의 주인공이 되어 끊임없이 여행을 합니다. 과학자들은 지구가 태어난 뒤부터 지금까지 탄소가 아마도 30번쯤 순환 여행을 했을 거라고 추정하고 있어요. 탄소의 순환 여행은 지극히 자연스러운 일이며, 아주 먼 미래까지 계속될 겁니다.

아래 표는 탄소의 순환 과정에서 탄소가 어디서 얼마만큼 생기고 빠져나가는지 용돈 기록장처럼 정리해 본 거예요. 대부분의 이산화탄소가 머무는 곳은 바다라는 것을 알 수 있지요. 바다가 태어난 순간부터 지금까지 바다는 탄소를 붙잡고 있는 푸른 창고인 셈이지요. 푸른 창고의 저장 용량을 넘어서거나 창고에 문제가 생기지 말아야 할 텐데, 기후 변화를 연구하는 학자들도 이 부분을 가장 걱정하고 있어요.

대기 중에 있는 탄소 가운데 50%는 대기 속에 머물고, 나머지 50% 가운데 20%는 생물계의 광합성에 쓰이고, 나머지 30%는 바다로 녹아듭니다. 현재 바다에는 대기보다 60배나 많은 이산화탄소가 녹아 있어요. 바다가 이산화탄소를 흡수할 수 있는 능력은 온도와 관계가 깊어요. 예를 들어 차가운 사이다에는 톡 쏘는 탄산가스가 많이 녹아 있지만 미지근한 사이다에는 탄산가스가 별로 없지요. 이것은 기체의

대기가 탄소를 너무 많이 가지고 있으면 지구의 온도가 올라간다. (단위 : 억 톤)

	대기로 들어온 탄소의 양		대기에서 나간 탄소의 양	
	내용	금액	내용	금액
	바다에서	900	바다로	920
	숲의 호흡	1,100	숲의 광합성	1,110
	화석 연료 사용	63		
	나무 벌목, 토지 이용	16		
대기에 남은 돈		7,500		

다른 곳에 있는 탄소의 양			
깊은 바닷물	390,000	얕은 바닷물	9,180
숲	6,100	토양	15,800

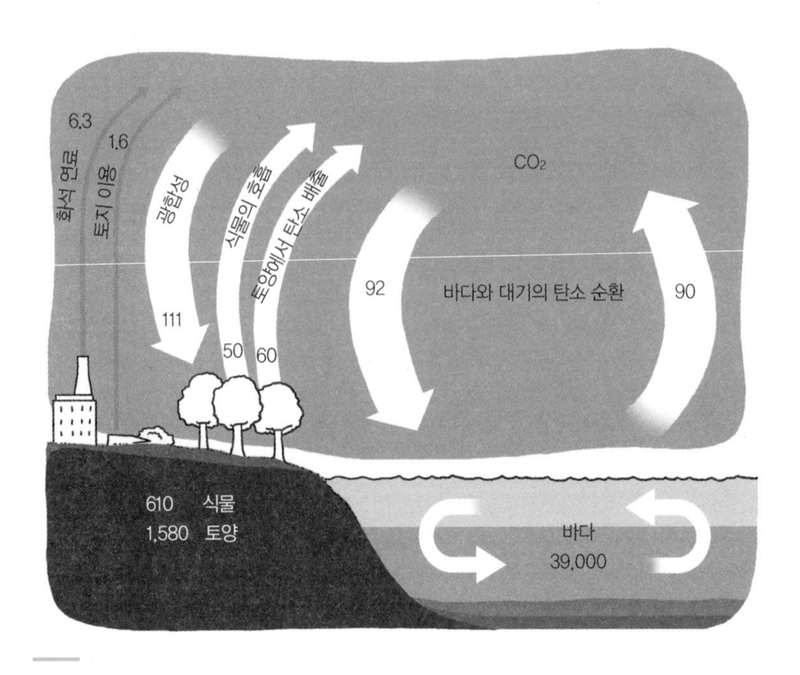

지구의 탄소 순환(ppm 환산 단위)

용해도가 온도와 반비례하는 성질을 가지고 있기 때문입니다.

그래서 온도가 낮은 고위도 바다는 이산화탄소를 활발하게 흡수하고, 열대 바다는 이산화탄소를 내보내고 있어요. 만약 대기의 온도가 계속 올라가서 바다의 온도도 높아지면, 열대 바다처럼 이산화탄소를 저장할 수 있는 능력이 줄어들겠지요. 그러면 대기 중의 이산화탄소 농도가 늘어날 뿐만 아니라 전 세계 바다의 산소도 바닥날 거예요. 왜냐하면 바다에서 광합성에 쓸 이산화탄소가 모자르면 바다 생물들이 산소를 만들어 내는 데도 문제가 생기기 때문이에요. 이산화탄소를 저장하는 푸른 창고의 온도가 올라가 이산화탄소가 바다 밖으로 튀어나온다면 끔찍한 악몽이 현실이 될지도 몰라요.

4장

여기는 투발루, 섬이 가라앉고 있습니다

_온실가스와 해수면의 상승

리또의 일기

12월 5일

별일 없었음. 아, 아니. 기분 더러운 날이었음. 날씨는 되게 따가움.

친구가 내 널빤지를 안 내놓았다. 그 녀석이 가지고 수영하던 건 분명히 어제 비행기 착륙장에서 가지고 놀던 내 판자 썰매였다. 어제 나무 썰매를 그냥 두고 온 것은 나답지 않은 실수다. 킹타이드king tide(일년에 두 번씩 밀물이 가장 높은 해수면까지 꽉 차는 현상)가 가까워져 오기 때문에 비행장에도 발등을 덮을 정도로 물이 들어와 있어서 나무 널판을 손으로 열심히 밀다가 위에 올라타면 쭉 미끄러지면서 멀리까지 나간다. 미끄러질 때는 아주아주 신 난다. 투발루에 사는 바람의 신이 날 밀어 주는 것 같은데……. 에잇, 내일은 무슨 일이 있어도 내 판자를 꼭 되찾아야겠다.

12월 17일

삼촌과 아버지 기분이 안 좋다. 뭐 어른들은 몰라도 된다고 하면서 말을 안 하지만 안 한다고 모르나. 우리한테는 귀가 열 개쯤 있다는 사실을 어른들은 알아야 한다. 삼촌과 아버지는 뉴질랜드로 이민 가는 문제로 다툰 게 분명하다. 삼촌은 우리 섬에는 미래가 없다고 하면서 아버지에게 하루라도 빨리 이민 신청을 하라고 한다. 왜 우리 섬에만 미래가 없는 거지? 미래는 시간이니까 이곳에 있으면 저곳에도 있어야 하는 것 아닌가. 미래가 뭐 우물인가? 투발루에는 없고 다른 곳에는 있게. 하여튼 아버지는 안 가실 것이다. 나도 우리 섬을 떠나지 않을 거다. 왜냐하면……. 뭐 뉴질랜드에 레인보우 앤드 놀이공원도 있고 차들도 많고 사람들도 많고 학교도 크고 좋은 점도 많지만, 여기는 우리 할아버지가 계신다. 뉴질랜드에는 미래가 있어서 그런가, 나이가 많은 사람은 받아 주지 않는단다. 나이 많은 사람들은 이미 미래를 많이 살았기 때문에 필요 없는 건가? 우리가 가면 할아버지는 우리 섬에 혼자 남으셔야 한다. 만약 아버지가 삼촌한테 지더라도 난 할아버지 옆에 있을 거다. 맹세를 해 둬야겠다.

"나 리또는 절대로 할아버지 옆을 떠나서 뉴질랜드로 가지 않을 것이다."

사인: 리또

12월 25일

오늘은 아버지와 북쪽에 있는 바이투푸 섬에 갔다. 그곳까지 가는데 배를 타고 꼬박 하루가 걸렸다. 그곳은 내가 한 번도 본 적이 없는 할머니의 플루아카 밭이 있던 곳이다. 할머니는 내가 태어나기 전에 돌아가셨다고 한다. 아버지는 할머니가, 그러니까 엄마가 보고 싶은 날이면 플루아카 밭으로 가는 것 같다. 하지만 플루아카 밭은 이제 밭이 아니다. 아무도 그 밭에서 플루아카를 캘 수 없다. 아버지 말로는 10년쯤 전부터 바닷물 수위가 많이 높아져서 플루아카 밭으로 바닷물이 밀고 들어와서 그렇단다. 노랗게 시들어 버린 플루아카들이 축 늘어져 있는 게 꼭 라군(산호초에 둘러싸인 바닷물로 이루어진 호수, 산호초 호수)에 넘어져 버린 야자나무 더미 같다. 플루아카랑 야자나무랑 투발루랑 다 같은 운명인가 보다. 노랗게 시들어 버릴 운명. 오늘 나는 운명이라는 단어를 잘 알게 되었다.

1월 5일

오늘 우리 집 마당에 징검다리를 놓았다. 마당 안까지 밀고 들어오는 물속을 첨벙첨벙 걸어 다니는 게 불편해서란다. 그게 뭐 불편한지 나는 잘 모르겠지만. 하긴 엄마는 좋은 신발을 신고 나갈 때, 좋은 옷을 입고 나갈 때 여간 조심하는 게 아니다. 나는 늘 맨발이니 그런 걱정은 없다. 그런데 물이 점점 더 높이 들어오면 어떻게 하지. 집을 더 높이 지어야 하는 건 아닌가? 나도 걱정이 되긴 한다.

1월 10일

오늘은 아무 일도 없었다. 조금 일이 있긴 했지만 난 아무렇지도 않다. 정말 아주 작은 그 일 말고는 아무 일도 없었던 날이다. 우리 집 옆에 옆에 뒷집에 사는 마타이네가 오늘 뉴질랜드로 이민을 갔다. 학교에서 마타이가 인사를 하려고 교실 앞으로 나갔다. 그런데 그 잘난 척하는 자식이 갑자기 눈이 벌게지더니 손등으로 눈을 마구 문지르는 게 아닌가. 분명 우는 거다. 난 눈물이 나면 코가 먼저 아프다. 그러고 나서 눈이 따갑다. 그런데 마타이가 앞으로 나가서 작별 인사를 하는데 갑자기 내 코가 아프기 시작했다. 그래서 나는 콧구멍에 힘을 주면서 코를 벌름거렸다. 그러고는 졸려서 하품이 나는 것처럼 하면서 눈을 마구마구 비볐다.

아버지가 이야기해 줬는데 2002년부터 1년에 75명씩 뉴질랜드로 이주하기로 두 나라끼리 약속을 했단다. 우리 투발루 인구가 만 명이니까 20년이면 모두 뉴질랜드로 이사를 간단다. 하지만 뉴질랜드는 자기네 나라에 도움이 될 만한 사람들에게만 이민을 허락한단다. 그러니까 할머니나 할아버지처럼 나이가 많아서 일을 못하거나 영어를 못하는 사람들은 이민 심사에서 떨어지게 된다. 마타이네 할머니도 이번에 같이 가지 못했다. 어제는 마타이네 엄마가 우리 엄마한테 할머니를 부탁한다고 이야기하다가 우셨다. 안 가면 되는데. 왜 울면서까지 가야 할까? 오늘은 진짜로 아무 일도 없었다. 그런데 자꾸 어깨가 축 처진다. 노는 것도 시시해졌다.

1월 28일

오늘은 멋있게 빼입고 교회로 갔다. 에쿠에타 누나가 결혼을 하는 기쁜 날이다.

아버지는 전통 의상 슬루를 입었다. 나도 슬루를 입었다. 하지만 난 슬루를 좀 더 위로 바짝 묶었다. 교회까지 걸어가는데 만조 때라 바닷물이 많이 들어와 있다. 교회 현관 두 번째 계단까지 물이 차올라 있다. 닭장 안에 있는 닭들이 파도가 칠 때마다 울어 대서 시끄러웠다.

아버지는 교회 앞마당에서 만난 아저씨들하고 인사를 했다. 아저씨들은 결혼식 피로연 준비를 하고 있었다. 돼지고기 굽는 냄새가 맛있게 났다. 벌겋게 달궈진 숯불에 물이 튀어 "치치칙." 소리가 난다. 아저씨들은 결혼식인데 슬루도 안 입고 반바지 차림이다. 하긴 이런 날 슬루를 입고 물속에서 생선을 구우면 슬루가 벗겨질 것이다.

난 한 가지 멋진 생각을 해 냈다. 킹타이드 때 결혼을 할 거면 수영복을 입고 결혼하는 거다. 그래도 오늘은 바닷물이 그렇게 심술을 부리지는 않았다. 언제부턴가 킹타이드 때가 되면 심한 물난리가 나서 닭이나 돼지들이 죽기도 했고, 농작물들이 몽땅 망가져 버리기도 했다. 아버지가 옛날에는 킹타이드 때도 이렇게 물이 높아지지 않았다고 했다. 내가 어른이 됐을 때는 아예 잠수복을 입고 물속에서 결혼식을 해야 하는 건 아닐까?

2월 1일

바다가 가장 높아지는 날이 다가오면 우리 마을에서는 축제가 열린다. 카누 경기도 열리고, 야자나무 기어오르기 대회도 열리고, 민속춤도 춘다. 할아버지는 현명한 일이라고 말한다. 두려움을 극복하는 축제라는 것이다. 그리고 재난을 미리 준비하라는 뜻도 있다고 한다. 우리 반 친구 삼촌이 카누 경기에 나갔다가 경기 도중 그만 배가 뒤집혀 버렸다. 얼마나 우스웠던지. 아마 그 친구는 얼마 동안 학교에서 말 붙이기 힘들 거다. 친구들이 놀릴까 봐 눈도 안 맞추려고 할 테니까. 또 내 친구 형은 야자나무 올라가기 경기에서 1등을 했다. 그 형은 정말 빠르게 올라갔다. 바다가 높아졌을 때 도마뱀 가족들이 나무 위로 줄지어 올라가는 것만큼 빨랐다.

우리 투발루 사람들은 모이기만 하면 드럼을 치고 춤추고 노래한다. 여러 가지 꽃으로 엮은 관을 머리에 쓰고 빨간 전통 의상을 입고

리듬에 맞춰 드럼을 치는 것은 참 신 나는 일이다. 드럼이 둥둥두둥 울리면 내 심장도 같이 울린다. 드럼이 빨라지면 내 심장도 같이 빨라진다. 나도 모르게 손이 빨라진다. 어른들은 영원히 끝나지 않을 것처럼 드럼을 두드린다. 이런 게 문화인가 보다. 어른들이 투발루를 지켜야 한다고 하면서 투발루의 문화가 중요하다고 이야기하는데, 그때 말하는 문화가 이것인가 보다. 문화는 신 나고 흥겨운 것이라는 걸 알게 되었다.

2월 20일

사이클론이 왔다. 투발루의 바다는 사이클론을 만들어 내지 않는데, 요즘에는 사이클론도 온다. 뭔가 단단히 화가 났나? 바다가 마구 흔들렸다. 걱정스러워하는 사람들이 다들 해변에 모여 있다가 파도가 밀려오면 멀찌감치 피했다. 바닷물은 파도가 칠 때마다 마을 안으로 몰려들고, 돼지우리에 있는 돼지와 닭들이 꽥꽥거리며 비명을 질러 댔다. 야자나무가 바람에 너무 많이 흔들려 금방이라도 넘어져 바다로 빠져 버릴 것 같았다.

엄마는 옷가지며 침대 매트며 살림살이들을 집에서 가장 높은 곳으로 옮기느라 정신이 없었다. 엄마는 나에게 집 밖으로 절대 나가지 말라고 했지만 그냥 가만히 있어서는 안 될 것 같았다. 하지만 뭘 해야 하는지 알 수가 없었다. 바다가 우리 집을 삼켜 버리면 어떻게 하지? 그렇게 되지 않게 하려면 지금 뭘 해야 하지? 아무리 생각해도 할 수 있는 일이 없었다. 섬을 통째로 들어 올릴 수만 있다면 참 좋겠다. 그러면 바다가 아무리 흔들리고 파도가 마구 몰려와도 걱정하지 않을 텐데. 아무것도 할 수 있는 일이 없어서 그냥 엄마 옆에 서 있기만 했다. 돼지의 목까지 물이 차올랐다. 엄마가 돼지를 우리에서 끌고 나와 집으로 데리고 들어왔다. 닭은 이미 집 안에서 꼬꼬댁거리고 있다. 집 안에는 돼지 우는 소리, 닭 우는 소리, 엄마가 "아이고, 아이고" 하면서 짐 치우는 소리, 아버지가 한 시간이 넘게 집 안으로 들어온 물을 빗자루로 쓸어 내는 소리……. 정말 아주 나쁜 꿈 같았다. 다행히 밤이 되면서 바다가 조금씩 얌전해졌다. 이제 정신을 차리나 보다.

3월 17일

학교에서 보로우 피치를 청소하러 다 같이 갔다. 나는 오늘 보로우 피치가 왜 보로우 피치인지, 그러니까 왜 "빌린 구덩이"라는 뜻인지 그 까닭을 알았다. 2차 세계 대전이라는 큰 전쟁이 있었는데 그때 미군들이 우리 섬에서 전쟁을 하느라 활주로를 만든다고 흙을 파 가서 큰 구덩이가 생겼다. 전쟁이 끝났을 때 미군들은 구덩이를 그냥 두고 가 버렸다. 그래서 바다가 높아질 때는 늘 물이 구덩이 밑으로 스며들어 왔다. 그래서 보로우 피치에서는 늘 지독하게 썩는 냄새가 났다. 그리고 쓰레기도 그 썩은 물에서 둥둥 떠다녔다. 만조 때는 구덩이에 있던 쓰레기가 마을로 흘러들어 오기도 한다. 다행히 우리 집 근처에는 보로우 피치가 없어서 쓰레기 파도를 만나지 않는다.

4월 2일

엄마가 세상에서 가장 밉다. 하지만 뭐 엄마를 이해 못 하는 건 아니다. 아침에 세수할 때 엄마가 빨래를 해야 한다며 기다리고 있었다.

내가 세수를 끝내고 돌아서 나왔는데 엄마가 등짝을 세게 때렸다. 이어서 엄마의 날카로운 목소리가 들렸다. "세숫물 버리지 말라고, 빨래해야 한다고, 내가 몇 번이나 이야기했니?"

요즘은 스콜(열대 소나기) 소식이 없다. 요즘 들어 예전보다 훨씬 비가 적게 온다. 그래서 벽 옆에 붙여 놓은 빗물 저장 탱크가 절반이나 비어 버리는 적이 많다. 그래서 얼마 전부터 우리도 돈을 내고 물을 사서 쓰고 있다. 물차가 물을 가져오는데 바닷물을 맹물로 만든 거란다. 엄마는 물차에서 파는 물은 맛도 별로 없다고 좋아하지 않는다. 그러면서도 값은 비싸단다. 바닷물을 맹물로 만드는 데 돈이 드니까 그렇지 뭐.

하여튼 엄마는 평소에도 물을 한 번 쓰고 버리는 법이 없다. 샘물이 나지 않고 빗물로만 살아야 하니까 비가 적게 오는 때는 아끼고 또 아낀다. 오늘 아침에 내가 세숫물을 그냥 확 버리지 않았다면 그 물로 옷을 빨고, 그 다음에 옷을 빤 물로 걸레를 빨고, 걸레를 빤 물은 채소밭에 줬을 거다.

하긴, 내가 엄마라도 조금은 속상했겠다. 그래도 엄마가 밉다. 아니다. 에이, 취소, 취소.

4월 16일

플루아카 밭이 있는 바이투푸 섬 쪽을 보고 서면 왼쪽은 라군, 오른쪽은 태평양 바닷물이 넘실거린다. 관광객들이나 킹타이드를 취재하러 온 기자들은 두 개의 다른 바다가 한곳에서 만나는 것을 굉장히 신기해하는 것 같았다. 난 그 사람들이 신기해하는 게 더 신기한데.

우리 섬 투발루는 참 좋다. 바다에 나가면 물고기가 많고 야자나무에는 열매가 많다. 목이 마르면 언제든지 먹을 수 있다. 바다가 바로 현관 앞에 있다. 더우면 언제든지 뛰어들 수 있다. 투발루 사람들은 모두 서로를 잘 안다. 우리 투발루의 인구는…… 얼마였더라, 난 다른 건 잘 아는데 숫자는 잘 모르겠다. 머릿속에 남아 있질 않는다. 아, 맞다. 투발루 섬의 인구는 만 명이다. 요즘 조금 줄었는지도 모르겠다. 내가 태어날 때부터 사람들이 뉴질랜드로 떠나기 시작했다. 사람들은 그걸 이주 프로그램이라고 한다.

투발루 섬을 하늘에서 찍은 사진을 봤다. 난 한 번도 비행기를 타고 투발루를 나간 적이 없기 때문에 처음 보는 모습이었다. 그런데 마치 빼빼 마른 사람이 뭔가를 골똘히 생각하는 모습 같다. 고개를 조금 뒤로 젖히고. 그 사진을 보고 난 뒤로 나도 가끔씩 그런 표정을 지어 보곤 한다. 투발루처럼.

아버지는 솜씨가 아주 좋은 어부다. 새벽에 나가서 아침에 돌아오면 배에 물고기가 한가득 있다. 엄마는 솜씨가 아주 좋다. 뭐든지 잘한다. 요리도 잘하고 옷도 잘 만들고, 밭도 잘 가꾸고, 나도 잘 때리고.

투발루 사람들은 바다를 떠나서는 살 수 없다고 한다. 투발루 사람들의 영혼은 바다에서 왔기 때문에 육지에 가면 영혼이 죽어 버려 살 수 없단다. 투발루 사람들은 바다를 돌보고 바다는 투발루 사람들을 돌보고 이렇게 아주 오래 전부터 사이좋은 형제처럼 살아왔다고 한다. 그래서 투발루에는 사이클론도 잘 오지 않았다고 한다. 바다가 지켜 주기 때문이란다. 그래서 투발루 사람들은 투발루에서 살아야 한다고 한다.

아버지가 나만 했을 때 영국 사람들이 우리나라에서 살았다고 한다. 식민지라고 하던가. 하여튼 영국 사람들이 우리를 가르치려고 했지만 결국 정말 배워야 할 사람들은 영국 사람들이라는 것을 알고 난 뒤 떠났다고 한다. 우리 할아버지가 그렇게 말씀하셨다.

나는 바다가 높아져 투발루가 잠긴다고 해도 무섭지 않다. 왜냐하면 난 수영을 꽤 잘하기 때문이다. 바닷물이 높아져 투발루가 물아래로 내려가면 수영을 하거나 물에 떠 있으면 된다. 난 하나도 무섭지 않다. 진짜다. 그래서 난 투발루를 떠나지 않을 거다.

오늘은 일기를 꽤 길게 썼다. 뿌듯하다.

산호가 어떻게 섬을 만들었을까?

"남태평양의 섬나라 투발루는 1년에 평균 5.3mm씩 바닷물이 차오르고 있다."

구글어스 프로그램에서 "푸나푸티, 투발루"를 찾으면 온통 푸른빛인 아름다운 태평양 한가운데로 우리를 안내할 거예요. 헤아릴 수 없을 정도로 많은 해저 화산들이 점점이 흩어져 있는데 피지 섬 부근에서 투발루라고 하는 둥그런 산호섬을 찾을 수 있을 거예요. 마치 생각하는 사람의 옆얼굴을 닮은 것 같죠.

투발루는 오랜 세월 동안 산호가 자라고 그 산호의 퇴적물이 쌓이고 쌓여서 만들어진 섬이에요. 그래서 우리나라에서 흔히 볼 수 있는 산 같은 건 없어요. 투발루에서 가장 높은 곳은 수면에서부터 잰 높이

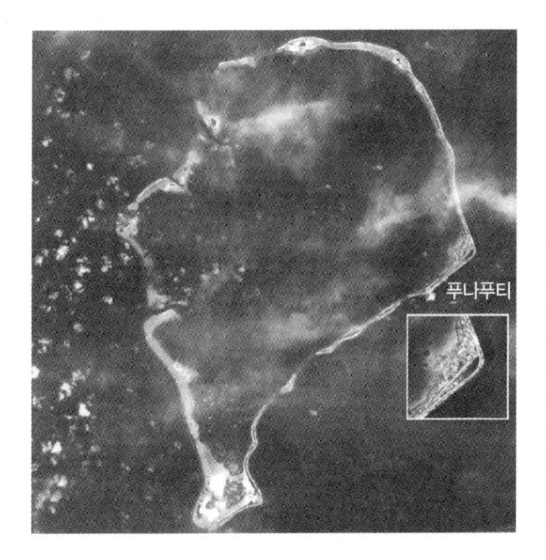

아름다운 8개의 산호섬으로 이뤄진 남태평양의 나라 투발루. 마치 생각이 많은 사람의 옆얼굴을 닮았다. 사람의 뒷머리 꼭지에 해당하는 부분이 투발루의 주도인 푸나푸티이다. 세계에서 4번째로 작은 이 나라는 지구 온난화 때문에 해수면이 높아져서 세계 지도에서 사라질 위기에 처해 있다.

가 고작 3.7m랍니다. 1993년부터 시간마다 해수면 높이를 쟀는데, 이 자료를 보면 1993년부터 2007년까지 연평균 5.3mm씩 상승하고 있대요. 이대로 70년쯤 지나면 투발루는 바다 위의 섬이 아니라 바다 밑의 사라진 아틀란티스가 되는 것이지요.

투발루는 산호 위에 만들어진 섬이라 바닷물이 해안가에만 밀려들어 오는 게 아니라 산호 사이로 스며들어 섬의 안쪽에서도 차오르고 있어요. 그래서 밀물 때가 되면 섬 여기저기에서 바닷물이 뽀글뽀글 스며들지요. 특히 2차 세계 대전 때 미군들이 활주로 공사를 하느라 모래를 파서 생긴 구덩이에는 바닷물이 가득 들어차, 그 구덩이에 버려진 쓰레기들이 가까이 있는 마을까지 둥실둥실 떠다닌답니다.

자, 그럼 아름다운 산호가 어떻게 섬을 만드는지 같이 살펴볼까요?

산호가 섬을 만드는 과정을 처음으로 밝혀낸 사람은 우리도 잘 알

화산섬 둘레에 천천히 산호가 자라기 시작한다

↓

이동하는 해저 지각과 해수면 상승으로 섬은
점점 가라앉고 산호는 계속해서 자란다

↓

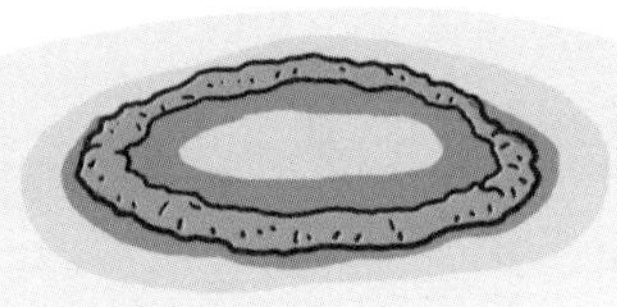

섬이 완전히 가라앉고 섬을 둘러싼 산호만 남아
반지 모양의 산호섬이 된다

고 있는 다윈이에요. 진화론으로 유명한 과학자죠. 다윈은 비글호를 타고 5년 동안 남아메리카와 남태평양을 항해하며 탐사 연구를 했는데 탐사가 끝난 뒤 〈산호초의 형성과 분류The Structure and Distribution of Coral Reefs〉라는 논문을 썼어요. 그 논문에는 다양한 형태의 산호초 섬이 만들어지는 과정이 나와 있어요.

다윈이 밝혀낸 자료를 보면 처음부터 산호가 있었던 것은 아니었답니다. 처음에는 아무것도 없는 망망대해였어요. 그러다 해저 지각 내부에서 뜨거운 마그마가 솟구쳐 화산이 만들어진 거예요. 늘 그런 것은 아니지만 뜨거운 화산의 꼭대기 부분은 바다 위로 튀어나올 정도로 높았어요. 아무것도 없던 망망대해 위로 작은 화산이 섬처럼 등장한 거예요. 이렇게 만들어진 화산섬 둘레에 천천히 산호가 자라기 시작했지요. 산호는 따뜻하고 얕은 바다를 좋아하기 때문에 섬 둘레에 자리를 잡게 되었어요.

산호가 최소한 천 년 이상 천천히 자라고 있는 동안 뜨거웠던 화산이 식어 가기 시작했어요. 화산은 식어 가면서 부피가 줄어들어 바다 밑으로 점점 가라앉았어요. 화산섬이 가라앉는 것은 차가워진 온도 때문만은 아니에요. 바다 밑에 있어서 보이지 않지만 깊은 바다의 해저 지각은 고요히 정지해 있는 게 아니거든요. 해저 산맥인 해령을 중심으로 마그마 물질이 상승하면서 새로운 지각을 계속 만들고 있는데, 새로운 지각이 만들어지면 이전에 만들어진 지각들이 자연스럽게 옆으로 옆으로 밀리게 됩니다.

이렇게 이동하는 해저 지각을 따라 산호가 자라기 시작한 섬도 밀리면서 수축되어 점점 가라앉게 됩니다. 그러면 섬 둘레에 자라고 있던 산호는 어떻게 될까요? 산호도 별 수 없이 가라앉는 섬과 함께 내려갔겠지요. 하지만 산호는 햇볕이 잘 들어오는 얕은 바다에서 잘 자랍니다. 그래서 산호는 섬과 함께 가라앉으면서도 살기 좋은 환경을 찾기 위해 필사적으로 위로 위로 자랐을 거예요. 산호는 계속 위로 자라고, 섬은 계속 가라앉고. 그렇게 30만 년쯤 시간이 흐르고 난 뒤 바다 위에서는 화산섬을 전혀 볼 수 없지요. 산호만 댕그라니 남아 있습니다. 이렇게 남은 산호는 어떤 모양일까요? 둥그런 반지 모양이 되었겠지요. 투발루도 다른 산호섬들과 마찬가지로 이런 과정을 거쳐 만들어진 섬이랍니다.

왜 킹타이드가 생길까?

한 달에 두 번 침수, 그리고 큰 밀물이 밀어 닥치는 킹타이드. 물론 이런 밀물과 킹타이드는 기후 변화를 감지하기 전에도 있었습니다. 하지만 해수면이 많이 높아진 상태에서 밀물이 깊숙이 들어오기 때문에 두려운 일이 아닐 수 없습니다. 왜 투발루 사람들은 한 달에 두 번 물에 잠기는 일을 겪어야 하고, 왜 2월이면 두려운 킹타이드를 맞아야 하는 걸까요?

달은 지구 주위를 돌고 있습니다. 좀 더 정확하게 이야기하면 지구와 달은 공통 질량 중심을 중심으로 회전하고 있습니다. 하지만 지구의 질량보다 달의 질량이 아주 작기 때문에 공통 질량 중심이 지구 내부에 있게 되니, 마치 달이 지구를 도는 것처럼 생각되는 거지요. 하지만 지구도 달과의 공통 질량 중심 둘레를 돌고 있답니다.

공통 질량 중심이 무엇인지 예를 들어 이야기해 볼게요. 엄청 뚱뚱한 형과 엄청 말라깽이인 동생이 놀이터에서 시소를 타요. 처음 시소에 올라앉자마자 올라간 동생은 당최 내려오지를 못합니다. 할 수 없어요. 엄청 뚱뚱한 형이 시소의 중심을 향해 앞으로 와서 앉아야지요. 그것도 아주 많이. 지구와 달은 엄청 뚱뚱한 형과 엄청 말라깽이 동생이 시소를 타는 것과 같은 상황이지요. 그러니까 무게가 다른 두 물체가 회전 운동을 할 때는 서로 균형을 이룰 수 있는 무게 중심을 찾는 거지요.

회전 원운동을 하는 모든 물체에는 원심력이 작용합니다. 공통 질량 중심을 회전축으로 원운동을 하고 있는 달과 지구에도 원심력이 작용하고 있어요.

또 달과 지구 사이에는 서로를 당기는 인력이 작용하고 있어요. 달과 지구가 잡아당기는 인력은 거리가 가까울수록 힘이 세지고 거리가 멀어지면 힘이 약해집니다. 하지만 원심력은 어디에서나 그 세기가 일정합니다. 그러니까 지구에서 보면 달이 있는 쪽으로 인력이 작용(그 부분의 원심력보다 크게)하고 맞은편에는 원심력(인력보다는 크게)이 작용하게 되어 달이 있는 방향과 맞은편 방향의 바닷물이 함께 부풀게 되지요. 우리나라 방향에 달이 있어서 우리나라 바닷물이 부풀어 오르면 우리나라와 정반대에 있는 우루과이의 바닷물도 부풀어 오르게 된답니다. 그리고 달이 있는 쪽과 맞은편이 부풀어 오를 때 그 영향으로 90도 떨어진 곳에서는 썰물 현상이 생기는 것이랍니다.

그렇다면 지구가 태양 둘레를 돌고 있는데 이 두 천체 사이에도 인력과 원심력이 작용하지 않을까요? 네, 작용합니다. 태양의 질량이 달의 질량보다 2,700만 배나 크니까 태양의 인력으로 생기는 밀물은 어마어마하겠네요. 그런데 다행히도 태양은 달보다 400배나 먼 거리에 있기 때문에 지구에 어마어마한 힘자랑을 하지는 못합니다. 달이 지구를 당기는 힘의 절반 정도라고 보면 됩니다. 그래도 달과 태양이 힘을 합해서 함께 지구를 당긴다면 힘이 좀 더 커지겠지요. 그리고 달과 태양이 당기는 방향이 어긋나 있다면 힘이 작아질 거고요. 그래서 달과 태양이 같은 방향일 때는 밀물이 아주 많이 밀려오는 '사리'가 생기고, 달과 태양의 방향이 90도 어긋나 있을 때는 밀물이 조금만 밀려들어 오는 '조금'이 생기는 것이랍니다.

투발루에는 하루에 두 번씩 태평양 바닷물이 밀려들어 오고, 밀려나가는 밀물과 썰물이 있어요. 물론 밀물과 썰물은 전 세계 모든 바다에서 볼 수 있어요. 하지만 투발루는 너무 평평한 땅이고 이미 해수면이 많이 높아져 있어요. 그래서 밀물이 밀려올 때 섬에 물이 넘쳐 나는 것을 막을 수 없답니다. 게다가 킹타이드까지 있습니다. 연중행사처럼 매년 때가 되면 밀물이 아주아주 많이 밀려오지요.

우리는 흔히 달이 지구 둘레를 원 모양의 궤도로 돈다고 생각하지만 사실 달은 타원 궤도를 따라 돌고 있습니다. 지구 또한 태양 둘레를 타원 궤도로 공전한답니다. 그래서 달이나 태양이 있는 타원 모양의 궤도의 중심은 한쪽으로 치우쳐 있어 달, 태양, 지구 이 세 개의 거리가 가까워지는 지점과 멀어지는 지점이 생깁니다. 만약 달이 지구에 가장 가까이 왔을 때의 밀물은 다른 때와 달리 아주 많은 물을 밀고 들어오겠지요. 또 지구가 태양과 가장 가까워지는 날, 달도 지구에 가장 가까이 있다면, 그때 밀물은 정말 어마어마하겠지요. 그래서 1년 중 어느 특정한 달에 가장 높은 밀물이 생기는데 이것을 킹타이드라고 하는 거예요.

기후 변화와 해수면 상승 – 거인의 포기

지구는 하나의 시스템입니다. 우리가 한 대 얻어맞으면 감각 기관을 통해 통증이 전달되고, 신경 섬유는 이것을 척수로 전달하고, 척수는 상급 기관인 뇌로 전달합니다. 뇌는 통증을 막기 위해 적절한 판단을 내립니다. "아야!" 소리를 낼 수도 있고, 싸울 수도 있겠지요. 지구도 마찬가지로 완벽한 하나의 시스템으로 작동하고 있어요. 그래서 자연의 모든 현상은 아무 이유 없이 일어나는 경우가 없어요. 태풍이 부는 까닭도 지구의 온도를 조절하기 위해 지구가 방어 시스템을 작동한 거지요. 또 지구 안의 모든 물질이 모양과 위치를 바꾸며 돌고 도는 탄소나 물의 순환 과정도 지구의 균형과 안정을 유지하기 위해서랍니다. 하지만 잘 짜인 지구 시스템도 한계에 다다르면 고장이 날 수 있습니다. 벌써 지구 곳곳에서 고장이 일어나고 있지요.

대기 중에 과도하게 방출된 온실가스는 지구의 온도를 천천히 데우고 급기야 바닷물의 온도까지 올라가게 만들었어요. 모든 물체는 온도가 올라가면 부피가 팽창해요. 온도가 올라가면 열에너지를 받아 분자의 운동이 활발해지고, 분자 운동이 활발해지면 자연스럽게 분자 사이의 간격이 넓어져서 부피가 늘어납니다. 바닷물도 마찬가지예요.

바닷물은 거대한 거인이에요. 지구 전체 물의 97%가 바다에 있으니까 양만 생각해도 거인이지만, 이것뿐만이 아니에요. 이 거대한 거인은 지난 200년 동안 발생한 이산화탄소 2,340억 톤의 48%를 녹여서 삼켜 버렸어요. 바다는 대기 중의 이산화탄소 농도가 높아지는 것을 막고 있었던 거지요.

또 물은 지구에 존재하는 물질 가운데 수소를 제외하면 열을 품을 수 있는 능력이 가장 커요. 그래서 물은 아주 천천히 온도가 오르고 또 천천히 식어요. 그렇기 때문에 바다 부근에 있는 지역은 기후 변화가 그리 심하지 않지요. 이런 물의 작용으로 지구는 기온이 급격하게 변하는 것을 막아 내고 생명체가 살기에 적당한 행성으로 유지되는 것이랍니다.

하지만 21세기의 온도 상승은 거대한 거인도 막을 수 없었습니다. 1961년부터 2003년까지 지구 전체 바다의 표층 평균 온도가 0.1℃ 올라갔어요. "애개, 겨우 0.1℃!" 수온이 0.1℃ 올라간 건 아무것도 아니라고요? 만약 이 열로 지구의 대기를 가열하면 전체 대기가 30℃쯤 올라갈 정도로 어마어마한 양이랍니다. 이렇게 해수의 온도가 올라갔기 때문에 안 그래도 거대한 바다는 몸이 더 불어났습니다. 해수면은

해수면 상승 요인	해수면 상승(mm/년)
	1993~2003
바닷물의 열팽창	2.10
빙하	0.99
그린란드 대륙 빙하	0.28
남극 대륙 빙하	0.56
합	3.93

위성에서 측정해서 요인별로 정리한 해수면 상승 정도. 1년에 3.93mm씩 상승해 왔다. (IPCC 4차 보고서 내용을 재구성)

지난 100년 동안 1.17m 상승했어요. 그리고 앞으로 100년 동안은 최저 0.31m에서 최고 1.24m까지 상승할 거라고 여러 연구 기관에서 말하고 있어요.

해수의 온도가 올라가는 것만으로 해수면이 높아지는 것은 아닙니다. 온도가 올라가는 것만큼이나 주목을 받고 있는 요인은 육지의 얼음이에요. 앞에서 지구 전체의 물 가운데 97%가 바다라고 이야기했지요. 나머지 3%는 대부분 육지의 얼음이에요. 남극의 빙하, 그린란드의 빙하, 그리고 고산 지역의 만년설과 빙하. 육지의 얼음이 녹으면 어디로 가게 될까요? 시간은 걸리겠지만 바다로 들어가게 되지요. 만약 육지의 얼음이 모두 녹아 바다로 들어가면 해수면이 75m까지 높아질 거라고 예상하고 있어요.

물론 아직까지 지구의 해수면이 얼마나 더 올라갈지, 또 그 속도가 얼마나 빨라질지, 남극이나 그린란드의 얼음이 얼마나 녹을지 정확하게 예측할 수는 없어요.

하지만 분명한 것은 지구의 기온은 올라가고 있고, 얼음의 녹는점은 0℃라는 것입니다. 또 얼음이 녹으면 결국 바다로 들어가고 그러면 바다의 높이는 높아질 것이라는 사실입니다.

낮으면 불행한 시대

땅이 낮아서 불행하게 살고 있는 사람들이 투발루에만 있는 것은 아니에요. 이런 피해는 안타깝게도 가난한 사람들이 많이 살고 있는

인도 국경과 갠지스 강의 비옥한 삼각주 지역에 있는 방글라데시의 지도. 대부분의 삼각주 지역은 지대가 낮아 홍수 피해가 크다. 기후 변화에 취약한 세계 3대 삼각주로 방글라데시 삼각주와 메콩 강 삼각주, 이집트 삼각주를 꼽는다.

곳에서 대부분 일어나고 있어요. 방글라데시가 대표적인 경우이지요.

방글라데시 농민들은 갑자기 새우 양식업자가 되었답니다. 왜 대대로 지어 온 농사를 포기하고 새우 양식업자가 되어야 했을까요?

방글라데시는 거의 모든 지역이 삼각주랍니다. 갠지스 강과 브라마푸트라 강이 수천 년을 흐르고 흘러 오랜 여행을 끝내는 곳이 벵골 만 바다랍니다. 강이 바다와 만나는 곳은 바닥이 평평하고 넓이도 넓어집니다. 그래서 강물이 흐르는 속도도 느려지지요. 강은 여행을 끝내기 위해 그곳까지 끌고 왔던 모래며 작은 돌멩이와 함께 영양 물질들도 함께 부려놓습니다. 그래서 방글라데시 땅은 쓸려 오기 힘든 무거운 돌은 거의 없고 대부분이 미세한 알갱이의 모래땅이에요. 강이 바다와 만나는 지역을 삼각주라고 하는데, 삼각주는 이렇게 강이 실어 나른 퇴적물과 영양 물질 덕택에 토지가 비옥해서 농사가 잘 돼요. 강이 주는 마지막 선물이지요.

하지만 방글라데시는 기후 변화가 닥치자 이런 지형적 특성 때문에 위기의 국가가 되어 버렸어요. 방글라데시에는 작은 강이 300개쯤 있어요. 호수와 늪이 많아서 철길보다 강을 더 많이 이용해요. 그래서 배가 다니는 수로 길이가 철길의 두 배가 넘어요. '워터월드'죠. 아주 오래전 신생대에 만들어진 일부 삼각주 지역은 쌓여 있는 퇴적물이 많아서 고도가 해수면보다 높아요. 그래서 안정적으로 농사를 지을 수 있어요.

그러나 지금 만들어지는 퇴적 지형은 고도가 낮아 비만 오면 강이 넘쳐 물에 잠겨 버린답니다. 게다가 방글라데시는 세계에서 가장 비가 많이 오는 지역이에요. 가까이 있는 벵골 만에서 만들어지는 사이클론이 이동하는 통로에 있기 때문이지요. 하지만 오랜 세월 동안 방글라데시 농민들은 강의 범람에 적응하며 살아왔어요. 오히려 범람으로 농토가 더 비옥해지기 때문에 그 모든 것을 자연스럽게 받아들였지요. 그래서 방글라데시에서는 1~2m쯤 되는 물에 잠겨서 피해가 생기는 경우만 홍수라고 해요.

홍수는 20년마다 한 번씩 일어났기 때문에 치명적인 피해를 주지는 않았습니다. 그런데 1980년 초반부터 2, 3년을 주기로 홍수가 발생하기 시작했고, 1987년, 1988년, 1991년의 홍수는 최악이었답니다. 1988년 홍수 때에는 국토의 60%가 물에 잠겼고, 사망자도 10만 명이 넘었어요. 그 뒤 3년 동안도 홍수 때문에 죽은 사람이 14만 명이 넘었답니다. 집과 논이 떠내려가거나 물에 잠겨 1년에 열 번 넘게 이사를 다니게 됐어요. 그래서 물이 빠진 지역에 다시 집을 짓는 사람들과 조금이라도 좋은 자리에 집을 짓고 농사를 지으려는 사람들이 싸우는 일도 많아졌어요. 유목민도 아닌데 이동하며 농사를 짓게 된 거죠.

이렇게 시도 때도 없이 홍수가 일어나는 데는 여러 가지 원인이 있어요. 방글라데시의 강들은 모두 히말라야에서 생겨나 흘러온 거예요. 그런데 최근에 히말라야의 빙하가 녹아내리는 양이 늘었어요. 게다가 히말라야의 나무들도 마구 베어지고 있고, 수온이 높아져 벵골만 바다의 높이도 올라갔어요. 이런 게 모두 홍수의 원인이지요.

또한 방글라데시의 바다가 점점 높아져 농토가 짠물에 잠기는 일이 잦아졌습니다. 결국 농사를 포기하고 쌀을 생산했던 농토에서 새우 양식을 시작하는 사람들이 늘어나고 있습니다. 하지만 새우 양식을 할 수 있는 사람들도 원래 논의 주인들뿐이에요. 땅을 빌려 농사를 짓던 사람들은 도시로 옮겨 가 도시 빈민으로 가난하게 살 수밖에 없답니다. 방글라데시에서 가장 큰 도시인 다카에 가면 빈민들이 모여 사는 빈민촌이 있는데 해마다 인구가 40만 명씩 늘어나고 있답니다. 도시에 사는 사람 절반이 '기후 난민'인 셈이지요. 바퀴벌레가 들끓고 악취가 풍기는 골목, 구걸로 하루를 연명하는 사람들, 오물이 흐르고 쓰레기가 가득한 골목에서 맨발로 놀고 있는 아이들…….

사람이 기후를 병들게 하고 병든 기후가 사람을 망가뜨리는 악순환을 멈출 수 없는 걸까요?

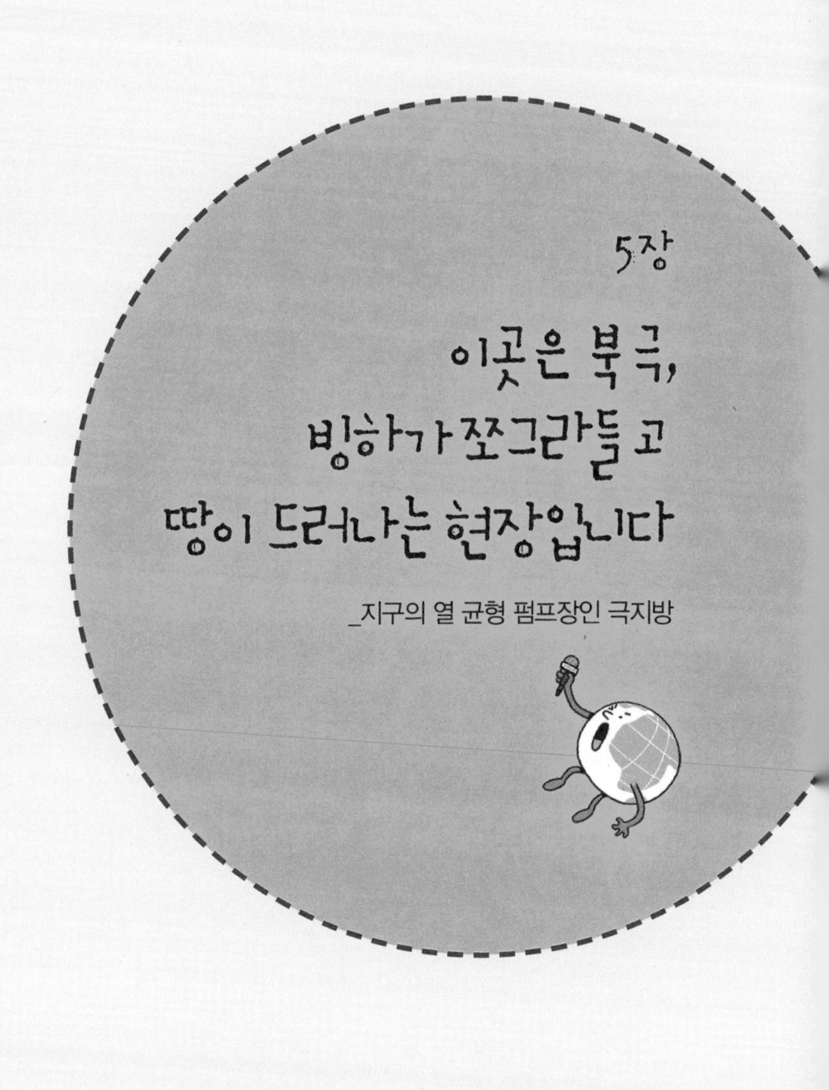

5장

이곳은 북극, 빙하가 쪼그라들고 땅이 드러나는 현장입니다

_지구의 열 균형 펌프장인 극지방

기후 변화 시대에 다시 쓰는 안데르센 동화 《눈의 여왕》

북극 바다 근처 스핏스베르겐 섬에는 눈의 여왕이 살고 있었어요. 얼음처럼 차갑고 흰 눈처럼 창백한 피부를 가진 눈의 여왕은 얼음과 눈으로 지은 하얀 궁전에서 살고 있었어요. 그 섬에는 트롤이라는 서양 도깨비도 살고 있었는데, 얼마 전 눈의 여왕이 사는 궁전에서 몰래 여왕의 거울을 훔쳐 냈어요. 트롤은 신비한 마법의 힘으로 거울에게 주문을 걸었어요. 그 거울로 세상을 비추면 착하고 이쁜 것은 변함없이 그대로 보이지만 나쁘고 못생긴 것은 더욱 추하고 악하게 보이게 되었지요. 트롤은 거울을 가지고 세상을 비추며 세상이 악으로 가득 차 보이는 모습을 보며 깔깔거렸어요. 거울 놀이에 재미가 들린 트롤은 좀 더 많은 세상을 비추기 위해 거울을 높이높이 치켜들었어요. 그러다 그만 거울을 놓쳐 떨어뜨리게 되었어요. 바닥에 떨어진 거울은 10억 개의 조각으로 쪼개져 편서풍을 타고 온 세상으로 퍼져 나갔어요. 이 거울 조각이 몸에 들어간 사람은 세상의 착하고 이쁜 것들보다는 나쁘고 못된 것들만 더 많이 보게 되어, 심술궂게 행동하고 나쁜 짓만 저질렀어요.

그런데 이 거울 조각 중 두 개가 카이라는 아이의 눈과 심장에 들어가 박히게 되었어요. 카이는 원래 마음이 따뜻하고 착한 소년이었어요. 카이가 사는 다락방과 마주하는 작은 다락방에는 게르다라는, 카이만큼이나 마음이 따뜻하고 착한 소녀가 살고 있었지요. 그 둘의 다락방은 한 발밖에 떨어져 있지 않아 자주 오갔어요. 여름이면 다락방 창문 앞에 채소 상자를 가꾸고 장미 화분을 돌보며 재미있게 놀곤 했지요. 그런데 카이의 눈과 심장에 거울 조각이 들어가자 카이는 세상에 둘도 없는 심술쟁이가 되어 버렸어요. 채소 상자를 부서뜨리고 장미 화분을 발로 차서 깨 버렸어요. 그리고 착한 게르다의 머리채를 잡아당기며 놀리고 마을의 여기저기서 악동 같은 짓만 했지요. 약한 아이를 괴롭히고 돈을 뺏기도 했어요. 어른들이 야단치면 메롱 하고 도망가 버리곤 했어요.

세상의 모든 것이 얼어 버리는 겨울이 되었어요. 어느 날 카이가 갑자기 마을에서 사라져 버렸어요. 게르다는 마을 구석구석을 다 찾아 다녔지만 좀처럼 카이의 모습을 볼 수 없었어요. 동네 어른들은 나쁜 짓만 하던 카이가 장난을 치다가 얼음이 깨져 강물에 빠져 죽었거나 산속에서 강도를 만나 땅에 묻혔을 거라고 수군거렸어요. 동네 아이들은 눈의 여왕의 마차가 강가에 서 있는 것을 봤는데 카이가 나쁜 짓을 많이 해서 눈의 여왕에게 잡혀갔을 거라고 떠들었어요.

마음이 따뜻한 게르다는 이 소문들을 믿지 않았어요. 그래서 카이를 찾아 길을 나섰어요. 추운 겨울 찬바람이 불어오고 손과 귀가 떨어져 나갈 듯이 추웠지만 게르다는 카이를 걱정하며 길을 나섰어요. 얼마쯤 길을 가다 꽁꽁 언 강을 만나게 되었어요. 강가에 앉아 차가운 얼음에 작고 따뜻한 손을 대며 강물에게 물었어요.

"강물아, 강물아, 얼음 때문에 얼마나 춥니, 내 손으로 녹여 줄게. 강물아 강물아, 그런데 혹시 카이를 보지 못했니?"

강물은 따뜻한 게르다의 손길에 부드러운 목소리로 카이를 보지 못했다고 일러 주었어요. 카이가 강물에 빠져 죽은 것은 아니라는 걸 안 게르다는 다시 카이를 찾아 길을 떠났어요. 게르다는 날이 어두워지자 한겨울인데도 꽃이 활짝 피고 나무들이 푸르게 자라고 있는 집으로 가 하룻밤 재워 달라고 했어요. 그곳에 사는 할머니에게 따뜻한 수프와 빵을 얻어먹고 포근한 침대에서 하룻밤 잤어요. 그런데 그 할머니는 여름 정원을 지키는 마법사였어요. 혼자 너무 외롭던 할머니는 게르다와 함께 살고 싶었어요. 그래서 기억을 잊어버리게 하는 마법의 수프를 게르다에게 먹였어요. 게르다는 다음 날도 그 다음 날도 여름 정원에서 꽃과 나무를 돌보며 지냈어요. 그러다 말라 버린 장미를 보고 너무나 불쌍해서 장미를 보살폈지요.

"장미야, 장미야, 시들어 말라 가는 병든 장미야, 얼마나 아프니. 내가 널 보살펴 줄게."

게르다는 그러다 그만 장미 가시에 손이 찔렸어요. 따뜻한 피 한 방울에 장미가 다시 살아났어요. 장미는 게르다에게 은혜를 갚기 위해 게르다의 기억을 다시 되돌려 놓아 주었어요. 그러고는 뿌리를 통해 땅속을 보았지만 카이는 없었다고 알려 주었지요. 카이가 강도를 만나 땅에 묻힌 게 아니라는 것을 안 게르다는 다시 카이를 찾아 길을 떠났어요.

그런데 북쪽으로 갈수록 이상하게도 날이 점점 더 따뜻해지는 것이었어요. 여기저기 얼음이 녹고 있었지요. 어느 날 게르다는 무너진 집 더미에 깔려 있는 작은 이끼 한 무더기를 발견했어요.

"이끼야. 이끼야, 거기에 깔려서 얼마나 답답하니."

게르다는 사흘이 걸려 무너진 집 더미를 치웠어요. 게르다 덕분에 이끼는 숨을 쉴 수 있게 되었어요. 원래 이곳은 1년 내내 얼음이 얼어 있던 지역이었는데 요즘은 겨울에도 날이 따뜻해 얼었던 땅이 무너져 내리면서 여기저기서 집들이 부서지고 있다고 이끼가 이야기를 해 주었어요. 그리고 이끼는 집이 무너지기 전에 카이가 눈의 여왕의 마차를 타고 가는 것을 보았다고 알려 주었어요. 눈이 녹아서 질척거리는 땅에 여왕의 마차 바퀴가 끼어 잠시 이곳에 있을 때 보았다고 했어요.

이끼는 눈의 여왕이 사는 궁전에 가려면 걸어서는 못 가고 순록을 타고 며칠 밤낮을 가야 한다고 말했어요. 하지만 게르다에게는 순록이 없었지요. 그래서 하염없이 걷고 또 걸었어요. 그렇게 길을 가다 앞을 보지 못하는 순록이 서 있는 것을 보았어요. 북극 정유 공장에서 흘러나온 기름 찌꺼기가 눈에 들어가 눈을 뜰 수 없게 된 것이었어요.

"순록아, 순록아, 앞을 못 보니 얼마나 답답하니. 기름이 들어간 눈은 얼마나 따갑겠니."

게르다는 순록이 너무나 불쌍해 눈물이 났어요. 따뜻한 눈물방울이 순록의 눈에 들어가자 기름이 씻겨 나왔어요. 다시 눈을 뜬 순록은 게르다에게 눈의 여왕이 사는 궁전으로 데려다 주겠다고 약속했어요.

순록을 타고 얼음 궁전에 간 게르다는 궁전 뒤뜰에서 눈의 여왕과 함께 있는 카이를 발견했어요. 예전의 발그레한 볼과 상냥한 눈빛을 한 카이는 아니었지만, 눈의 여왕처럼 하얗고 날카로운 눈빛을 하고 있었지만 분명 카이였어요. 게르다가 카이에게 집으로 돌아가자고 했지만, 카이는 게르다를 알아보지도 못했어요. 눈과 심장에 박힌 거울 조각 때문에 세상이 온통 나쁘고 못되게만 보이는 카이는 오직 자신의 차가운 마음과 닮은 얼음 궁전이 집처럼 편안하고 좋았어요. 그때 얼음처럼 차갑고 눈처럼 창백한 눈의 여왕이 한숨을 쉬며 게르다에게 말했어요.

"카이를 집으로 데리고 가기 전에 해야 할 일이 있단다. 카이가 집으로 가지 않으려고 하는 것은 눈과 심장에 박힌 거울 조각 때문인데, 이 조각이 나에게는 굉장히 소중한 것이란다."

"그 거울 조각이 왜 여왕님에게는 소중한가요?"

"나는 북극과 남극의 날씨를 관장하는 마법사란다. 나는 큰 거울을 가지고 태양빛을 반사시켜 북극과 남극에 눈이 녹지 않고 땅이 녹지 않게 했는데, 못된 트롤이 내 거울을 훔쳐 가서 10억 개의 조각으로 산산조각을 내 버렸단다. 북극과 남극의 눈이 녹지 않게 하려면 10억 개의 조각을 찾아 붙여서 다시 거울을 만들어야 한단다."

그래서 눈의 여왕은 카이의 눈과 심장에 들어간 거울 조각을 꺼내기 위해 애를 썼어요. 하지만 모든 것을 얼릴 수는 있어도 녹일 수는 없는 눈의 여왕이 얼음 같은 마음을 가진 카이에게서 거울 조각을 꺼내는 것은 불가능했어요.

"여왕님, 여왕님. 북극과 남극이 녹아내려서 얼마나 마음이 아프세요. 거울이 조각나 버려서 얼마나 마음이 아프세요. 북극과 남극에 살고 있는 모든 것들 또한 얼마나 두려울까요. 또 집을 잊어버리고 따뜻한 마음을 잃어버린 카이가 너무나 불쌍해요."

게르다는 북극과 남극, 그리고 여왕님과 카이가 너무나 불쌍해 눈물을 주룩주룩 흘렸지요. 그런데 이 따뜻한 눈물이 카이의 심장에 닿자 얼음처럼 차가왔던 카이의 마음이 녹았어요. 그리곤 거울 조각 하나가 빠졌답니다. 이제 심장이 따뜻해진 카이도 눈물을 흘렸지요. 그러자 눈에 있던 거울 조각마저 빠졌답니다.

눈의 여왕은 거울 조각 두 개를 소중하게 들어 거울에 붙였어요. 눈의 여왕의 마법으로 이은 자국도 없이 깔끔하게 붙었지요. 하지만 아직도 5억 개쯤 되는 조각을 더 찾아야 거울이 완성된답니다.

카이와 게르다는 다시 만난 기쁨에 부둥켜 안았어요. 그러다가 아직도 한숨을 쉬고 있는 눈의 여왕을 바라보았어요.

"여왕님, 여왕님, 저희도 거울 조각을 찾는 일을 도와 드릴게요. 세상을 돌아다니며 여왕님의 거울 조각을 찾아 드리겠어요."

아직도 북극과 남극의 얼음이 녹아 내리고 있지만 언젠가 카이와 게르다가 거울 조각 5억 개를 다 찾아 거울을 완성하게 되면 북극과 남극에는 다시 겨울다운 겨울이 찾아올 거예요.

남극으로 고고씽

진짜 눈의 여왕이 거울 조각을 다 찾아서 남극과 북극의 기온이 정상이 된다면 얼마나 좋을까요? 좀 많긴 하지만 그까짓 5억 개 조각, 우리 모두 나서서 찾는 걸 돕는다면……. 하여튼 카이와 게르다 그리고 눈의 여왕의 활약을 기대해 봅니다.

우리에게 북극도 낯선 곳이지만 남극은 좀 더 멀고 사람이 살지 않는 낯선 곳이지요. 과학자들만 가는 곳으로 알고 있지요. 그렇다면 남극으로 한번 가 볼까요?

한국에서 남극까지 가장 빨리 갈 수 있는 길은 비행기로 아르헨티나의 부에노스아이레스까지 가서 다시 우수아이아나 칠레의 푼타아레나스까지 이동해 남극행 비행기나 크루즈를 이용하는 방법이에요. 크루즈 여행을 원한다면 우수아이아로, 비행기 여행을 선택했다면 푼타아레나스로 가야 하죠.

남극으로 가는 길은 멀고도 힘들어요. 날씨에 따라 짧게는 5일, 길게는 10일도 걸려요. 게다가 어디로 갈 것인지에 따라 이동하는 방법과 시간이 달라지죠. 사우스셰틀랜드 제도와 남극 반도, 남극의 최고봉 빈슨 매시프, 남극점 같은 곳이 남극에서 가장 인기가 있는 곳이에요. 세계 지도를 펼쳐 놓고 남극과 가장 가까운 육지를 찾아보면, 남아메리카의 맨 끝인 아르헨티나의 남단과 칠레의 남단이 눈에 들어올 거예요. 보통 사람들은 아르헨티나의 우수아이아에서 큰 배를 타고 남극 반도와 사우스셰틀랜드 제도를 둘러보죠. 체력 좋고, 모험심이 강해서 남극을 온몸으로 느껴 보고 싶은 사람들은 빈슨 매시프를 오르거나 남극점까지 스키를 타고 가는 여행을 선택하기도 해요. 물론 위험하니까 보험은 필수겠죠. 스키 여행은 칠레의 푼타아레나스에서 시작해요. 거기에서 남위 89도까지 비행기를 타고 가서, 그 다음에는 스키를 타고 남위 90도인 남극점까지 가는 거죠. 위도 1도 거리만큼 스키를 타고 가는 셈이에요.

여기서 잠깐, 위도 1도는 어느 정도 거리일까요? 지구의 둘레는 48,000km쯤 되죠. 위도는 지구 둘레의 절반을 남북으로 180등분한 거니까 위도 1도의 거리는 $24,000 \div 180 = 133.33$km인 셈입니다. 서울에서 대전까지가 160km이니까 어느 정도 거리인지 짐작이 가지요? 국토 횡단한다고 좀 걸어 봤던 친구들은 134km 정도는 충분히 걸을 수 있겠다고 큰소리칠 수도 있겠네요. 하지만 생각해 보세요. 그곳은 남극, 겨울이면 영하 60℃까지 기온이 내려가 세상의 모든 것을 다 얼려 버릴 만큼 추운 곳이에요. 보통 남극 여행은 남극의 여름철인 11월에서 2월 사이에 하기 때문에 겨울철만큼 춥지는 않겠지만, 여름에도 남극에는 바람이 강하게 불어요. 내륙의 높은 고원에서 차갑게 식어 밀도가 커진 공기가, 상대적으로 온난해서 밀도가 낮은 해안가 쪽으로 이동하는데, 그때 강한 바람이 불게 되지요.

게다가 빈 몸으로 걷는 게 아니지요. 썰매에 먹을 식량과 필요한 도구를 싣고 끌고 가야 하는데 무게가 50kg쯤 돼요. 하루에 10km쯤 걷

예전에는 탐험가나 과학자가 아니면 가기 힘들었던 남극. 하지만 요즘에는 남극 대륙을 찾는 여행객이 늘고 있다. 크루즈를 타고 펭귄이나 고래 들을 찾아가는 남극 해안가 여행부터 스키를 타고 남극점을 목표로 행군하는 내륙 탐험까지 여행의 종류도 다양하다. 단, 남극에서는 환경 보호를 위해 쓰레기는 모두 가져와야 하고, 그곳에 있는 것은 무엇 하나 가져오면 안 된다.

는 것도 강행군이에요. 사람들은 걷다가 힘들면 썰매에 몸을 누이고 잠시 졸기도 하고, 저녁이면 키가 낮은 납작한 텐트를 치고 잠을 자기도 해요. 텐트는 남극의 바람에 찢어질 듯 펄럭일 거예요.

거친 바람 때문에 남극에는 사막의 모래 언덕처럼 눈 언덕이 줄을 지어 있어요. 썰매를 안전하게 몰기 위해서는 눈 언덕 사이를 요리조리 재주 좋게 피해야 하지요. 빙하가 갈라진 틈을 크레바스라고 하는데 그것도 잘 피해야 해요.

남극을 눈 덮인 평평한 들판으로 생각하는 사람들도 있을 거예요. 사실 남극은 대륙의 평균 높이가 2,300m나 돼요. 아시아 대륙의 평균 높이가 800m인데 그것과 견준다면 엄청나게 높죠?

북극과 달리, 남극에는 사람이 살지 않았어요. 지질학자들은 아주 오래전, 지구에 딱 두 개의 대륙만 있던 시절, 남극이 적도 부근에 있었을 거라고 말해요. 남극의 지층에서 석탄층이 발견되기 때문이죠. 석탄은 고생대 때 울창하게 숲을 이루던 양치식물들이 산소가 없는 늪지 같은 환경에서 오래 눌리고 쌓여서 만들어진 것이거든요.

오래전에 적도에 있었을지도 모르는 남극이 이제는 세계에서 가장 춥고(북극보다도 1.6℃ 정도 낮아요), 가장 건조하며(1년 강우량이 사하라 사막보다도 적다고 해요), 가장 외로운(연구원들을 제외하고는 원래부터 사람이 살 수 없었던 땅이었죠) 땅이라니 재미있지요? 하지만 스키를 타고 남극점을 찾아가는 사람들은 극한의 고통을 이기고 갈 만한 값어치가 있다고 말해요. 강한 바람을 맞으며 지구에서 가장 외로운 남극점에 서면, 내 안에서 솟아오르는 새로운 용기와 또 다른 나를 만나게 되기 때문이라네요.

남극의 바다는 남극 대륙 둘레를 감싸고 순환하는 해류 때문에 다른 바다와 분리되어 있어요. 아래 그림처럼 고리 모양으로 연결된 해류를 "남극 순환류" 또는 "서풍 피류"라고 해요. "피류"는 껍질, 다시 말해 바다의 표면에서 편서풍이 불어서 만들어진 해류라는 뜻이에요. 이 해류가 남극 바다를 다른 바다들과 분리한 덕분에, 남극 바다는 외부 환경에 파괴되지 않은 독특한 생태계를 이룰 수 있었지요.

남극을 비추는 햇빛의 양은 아주 적습니다. 왜냐하면 태양은 고도에 따라 햇빛의 세기가 달라지는데, 고위도에 있는 남극은 태양이 아주 낮게 뜨는 지역이기 때문이죠. 북극도 고위도니까 마찬가지일 거라고 생각하겠지만, 그렇지 않아요. 북극과 남극은 지리적 환경이 다르답니다. 북극은 '바다'이고, 남극은 '대륙'이기 때문이에요. 바다로 둘러싸인 북극은 물의 특성 때문에 열을 아주 많이 저장할 수 있어서 주변의 기온 변화가 극심하지 않고 날씨가 온화해요. 하지만 남극은 대륙이기 때문에 사정이 달라요.

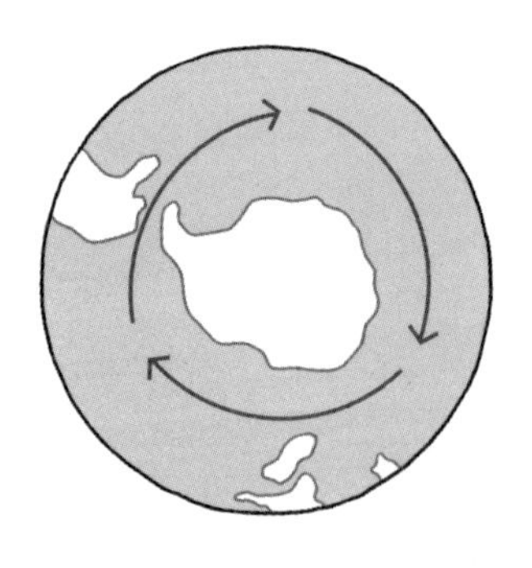

남극 대륙과 남극 순환류. 남극 대륙을 감싸며 남극 순환류가 흐르고 있다. 이 해류는 서쪽에서 동쪽으로 흐르며, 유속은 느리지만, 넓고, 깊게 흐르는 큰 흐름이다. 이 흐름은 해저까지 이르는 부분도 있어, 해저 지형의 영향을 크게 받는다.

또 북극과 남극은 태양과의 거리도 차이가 있어요. 물론 그 영향이 크지는 않지만요. 지구는 태양을 중심으로 공전하는데 궤도가 원이 아니라 찌그러진 타원이라서 태양과 거리가 가까운 지점도 있고 먼 지점도 생기게 돼요. 그런데 지구가 공전 궤도에서 태양과 거리가 먼 지점에 위치하면 북극은 여름인데, 남극은 겨울이지요. 그러다 보니 남극에 오는 햇볕의 양이 북극보다 적게 되지요. 게다가 남극의 바다는 폭풍이 심하게 불어서 잔잔할 날이 없습니다. 바다가 거세게 요동을 치니 햇빛도 방해를 받아 바닷속으로 잘 들어가지 못해요. 그러니 남극 바닷속에서 광합성을 하는 생물들이 얼마나 힘든 환경에서 살고 있겠어요? 하지만 다행히 남극의 1차 생산자인 플랑크톤들은 햇볕의 양이 적어도 광합성을 잘할 수 있도록 진화되었어요. 무기물에서 유기물을 생성해 내는 1차 생산자들의 뛰어난 적응과 활동이 없었다면 남극의 생명체들은 극단적인 환경에서 버티기 힘들었을 거예요.

남극의 생태계는 매우 단순해요. 환경이 열악하기 때문에 살 수 있는 생물 종류가 그리 많지 않아요. 남극 생태계 포식자들에게 영양을 공급하는 것은 "크릴"이에요. 크릴은 새우의 일종일까요? 아니에요, 크릴은 새우가 아니라 남극 바다에서만 사는 동물성 플랑크톤이랍니다. 플랑크톤치고는 큰 편이라 크기가 5cm나 되고, 생긴 모양이 새우와 비슷해서 "남극 새우"라고도 합니다. 그래서 사람들이 크릴을 새우로 오해하기도 해요. 크릴은 식물성 클랑크톤을 먹고, 오징어는 크릴을 잡아먹어요. 다른 포식자들은 이 오징어를 먹거나 직접 크릴을 잡아먹지요. 이처럼 먹이 사슬의 출발점이 단 하나인 구조는 다른 생태계에서 찾아보기 힘들어요. 이런 구조에서 만약 어떤 어려운 일이 생

크릴은 작은 물고기에서부터 몸 길이가 25m가 넘는, 지구에서 가장 큰 동물인 흰긴수염고래까지 남극에 사는 모든 동물의 먹이가 된다.

겨 크릴의 양이 갑자기 줄어든다면 어떻게 될까요? 다른 먹잇감이 없는 남극의 생물들은 생명의 위협을 느끼게 될 거예요.

최근에는 우리나라에서도 크릴을 심심치 않게 볼 수 있어요. 낚시를 좋아하는 강태공 아저씨나 아주머니들이 미끼로 즐겨 쓰고 있죠. 영양가가 높아 동물 사료로 쓰기도 해요. 최근에는 냉동 크릴이 판매되면서 크릴을 이용한 물만두, 샐러드, 동그랑땡, 피자, 아기들 이유식까지 다양한 먹을거리들이 나오고 있습니다. 사람들이 크릴을 즐겨 찾는 까닭은 크릴이 굉장히 우수한 영양 식품이기 때문이에요. 단백질은 풍부하면서 지방이 매우 적은 고단백 저칼로리 식품이면서 동시에 등푸른생선에 많이 있는 오메가-3 함량도 높아서 몸에 좋다고 알려져 있어요.

우리나라에서도 이 정도이니 전 세계를 생각하면 크릴 소비량이 상당할 거라고 짐작할 수 있겠지요. 1970년대부터 첨단 장비를 갖춘 대규모 어선들이 크릴과 "남극 대구(메로라고도 해요)"를 잡고 있어요. 특히 크릴은 엄청나게 잡아들이고 있지요. 이렇게 마구잡이로 잡으면 어떤 일이 생길까요? 독특한 환경과 구조 속에서 순환하며 유지해 오던 생태계에 인간이 함부로 끼어들어 파괴하면 어떤 문제가 발생할지 모릅니다. 이전에도 보드라운 가죽을 얻기 위해 남극 물개를, 불을 밝히는 기름을 구하려고 남극 코끼리인 해표를 무분별하게 잡아서 멸종 위기에 처하게 한 적이 있었어요.

요즘은 남극의 해양 생물을 보호하기 위해 전 세계적으로 힘을 모아 보존 협약까지 만들어서 지키려고 애쓰고 있습니다.

남극에는 나무가 없다는 말을 들어본 적 있나요? 북극과 다르게 남극에는 꽃이 피는 식물이라곤 딱 두 종류뿐이에요. 그것도 꽃이 너무 작아 확대경으로 봐야 할 정도예요. 그것 말고 남극에 있는 식물은 대부분 지의류와 이끼들입니다. 지의류를 "돌꽃"이라고도 해요. 사실 지의류라는 이름도 풀어 보면 "땅의 옷"이라는 뜻이니 비슷한 느낌이지요? 등산할 때 헉헉거리며 손을 뻗어 바위를 잡을라치면 바위에 누군

지의류는 오염된 지역에서 거의 살지 않아 환경 오염의 지표가 된다.

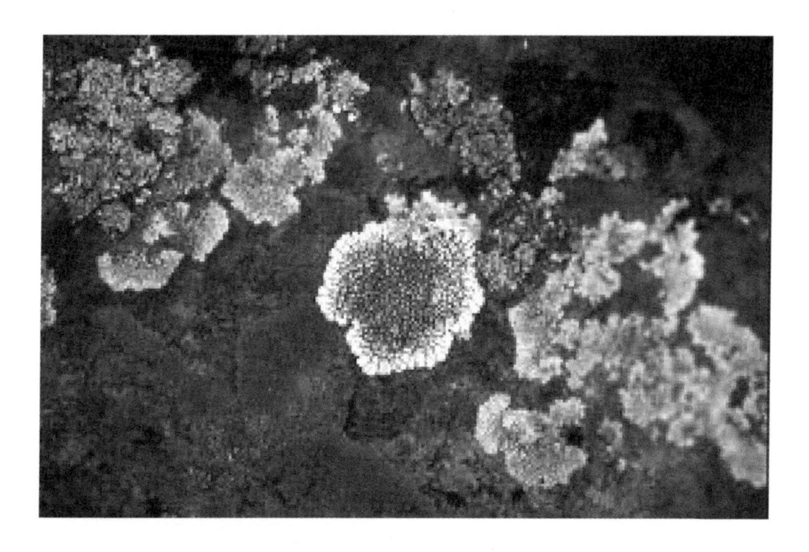

가 흘려 놓은 페인트 자국 같기도 하고 곰팡이 같기도 한 흔적들을 볼 수 있을 거예요. 이것들이 돌꽃인 지의류예요. 지의류는 하나의 생물이 아니라 기초를 이루고 있는 균류(곰팡이류)와 그 기초 안에 자리를 잡고 있는 조류가 함께 힘을 모아서 사는 공생체랍니다. 균류는 공기 중에서 수분과 영양물질을 빨아들이고, 조류는 광합성을 해서 유기물을 만들며 균류와 조류는 함께 공생하고 있답니다.

남극에 사는 바다제비나 갈매기들은 둥지를 틀 때 나뭇가지 대신 지의류들을 뜯어서 둥지를 만든답니다. 남극에 사는 지의류 중에는 눈 위에서 자라는 것도 있고, 또 얼음 아래에서만 자라는 것들도 있답니다. 세상에서 가장 춥고 가장 바람이 강한 남극에 둥지를 틀게 된 생물답게, 자기가 처한 환경에 잘 적응하고 있는 셈이지요.

남극의 신비

남극에서 온천욕을 하는 사람들도 있어요. 어떻게 그럴 수 있냐고요? 남극 대륙은 커다란 하나의 독립된 판이지만, 주변에 작은 판들이 몇 개 있어요. 이 암석 판들이 부딪치며 다양한 지각 변동을 일으키고 있어요.

예를 들어 남극 판 밑으로 밀도가 큰 셰틀랜드 판이 밀고 들어가면, 마찰 때문에 지각이 녹아 마그마가 만들어집니다. 이렇게 만들어진 마그마가 흩어져 화산섬들을 만들었어요. 그 가운데 일부는 지금도 화산 활동을 하고 있는 활화산이에요. 셰틀랜드 제도 가운데 하나인 디셉션 섬에 온천이 있답니다. 바다 근처 모래를 조금만 파 내려가도 뜨거운 온천물이 나와요.

또 해저 지각이 이동하면서 새로운 땅이 만들어지기도 하고, 그 주변에 지진을 일으키는 단층들도 만들어집니다. 단층 주변으로 지진이 일어나고 있고요. 또 석유를 비롯한 지하자원과 금속 자원이 풍부하게 매장되어 있는 것으로 알려져 있어요. 공룡 화석도 발견된답니다. 변온 동물인 공룡의 화석이 있다는 건 남극의 기후가 예전에는 지금과 달랐다는 이야기죠.

하지만 남극의 생태계를 지키기 위해 1990년대부터 50년 동안은 석유와 광물 자원을 개발할 수 없습니다. 과학 연구를 할 때도 반드시 미리 환경 영향 평가를 받아야 한답니다. 스키 여행을 할 때도 자신의 배설물까지 반드시 가지고 돌아와야 해요. 남극 여행이 쉽지 않지요? 하지만 남극을 위해서는 무척 다행스러운 일입니다.

남극 같은 극지에서 볼 수 있는 진기한 현상 가운데 하나가 오로라예요. 오로라는 그리스 로마 신화에 나오는 새벽의 여신 아우로라에서 이름을 따왔답니다. 오로라는 태양과 지구가 만나는 모습 가운데 가장 아름다운 현상이 아닐까 싶어요. 태양이 활발하게 활동하면 표면에서 폭발이 일어나는데 이때 태양을 구성하고 있던 전자, 양성자, 헬륨 입자 들이 우주 밖으로 쏟아져 나옵니다.

이 입자들이 지구에 날아왔을 때 대부분은 지구가 만들어 내는 자기장 때문에 지구 대기 안으로 들어올 수 없지만, 일부는 지구 자기장의 선을 따라 극지방으로 들어오기도 해요. 이렇게 들어온 태양의 입자들이 지구 대기에 있는 입자들을 흔들어 흥분시켜요. 흥분한 지

태양풍
발사!!
흥! 자기장으로 충분히 막을 수 있다고~!!
이얍
…라고 했지만 결국 정수리에 한 방 맞았다…
오로라 생성
비틀
비틀

구 대기 입자들은 다시 안정된 상태로 되돌아가려고 하는데, 그 과정에서 화려한 네온등 같은 빛을 내게 되지요. 질소는 붉은색을, 산소는 녹색과 붉은색 빛을 주로 내놓습니다. 오로라가 생기는 밤하늘은 마치 둥글게 감아 놓은 옥빛 비단 한 필을 풀어 놓은 것 같답니다. 옥빛 비단 한 필이 연기처럼 부드럽게 움직이며 하늘을 휘감다, 둥글게 때로는 수천 겹의 물결로 접히기도 하고, 그러다 갑자기 붉은색으로 물들어 버리기도 해요. 추운 극지방의 밤하늘이 뜨거운 태양과 달콤한 사랑 이야기를 나누는 것처럼 보이지요.

남극 빙하가 두꺼워진다고? 남극 빙하의 패러독스

남극의 얼음은 가만히 정지해 있지 않고 천천히 움직여 바다로 흘러갑니다. 바다에 닿으면 얼음들은 바다 위로 퍼지며 평평하게 얼어붙는데 이것을 바로 "빙붕"이라고 해요. 이 빙붕 중에서도 최근에 남극 웨들 해에 있는 "라르센 빙붕"이 사람들에게 아주 유명해졌어요. 빙붕이 눈에 띄게 줄어들었기 때문이에요. 그런데 다른 한쪽에서는 남극 대륙에 있는 얼음이 점점 두꺼워지고 있다고 발표했지요. 2002년 캘리포니아 공대와 영국 남극조사국의 연구 발표를 보면 동부 지역의 얼음이 해마다 1.8cm씩 두꺼워지고 있다고 해요. 지구의 기온이 올라가는데 어떤 곳에서는 빙붕이 줄어들고, 어떤 곳에서는 얼음이 두꺼워지다니, 도대체 이게 어찌 된 일일까요? 정말 모순투성이인 남극의 패러독스네요.

과학자들이 이런저런 토론을 하고 연구를 한 결과, 남극 대륙의 얼음 두께가 두꺼워진 것은 눈이 많이 왔기 때문이래요. 지구의 기온이 올라가면 대기 중의 수증기 양이 늘어나게 되고, 특정 지역에서는 강수량도 늘어나겠지요. 그런데 남극은 무척 추운 곳이니까 비가 아니라 눈이 내린 것이고요. 눈이 얼음을 이불처럼 덮어서 햇빛도 반사시키고 단열 효과도 일어나게 한 거예요. 빙하에 남아 있는 과거 지구 역사의 기록을 살펴보아도 기온이 올라갈 때 남극의 얼음이 두꺼워진 경우들이 있답니다. 하지만 안심할 일은 아니에요. 지금보다 남극의 온도가 더 올라간다면 남극에도 눈 대신 비가 올 것이고 그러면 얼음이 빠른 속도로 녹아내릴 테니까요.

또 최근에는 남극에서 새롭게 어는 얼음의 양보다 녹아서 없어지는 얼음의 양이 더 많다는 연구 결과도 나왔어요. 그러니까 남극 대륙

얼음이 넓은 지역을 뒤덮고 있는 것을 빙산, 해안으로 밀려 내려온 빙하가 녹지 않고 바다 위에 떠 있는 거대한 얼음 덩어리를 유빙이라고 한다. 빙상은 남극 대륙을 덮는 거대한 얼음벌판을 뜻한다.

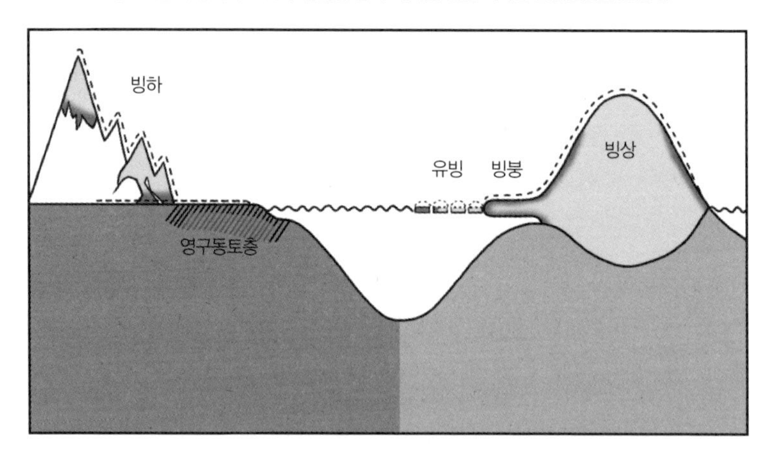

어느 지역에서 얼음이 두꺼워진다는 사실만 가지고 "별 탈 없다" 하고 마음 놓을 일이 아니라는 겁니다. 자연 현상은 카멜레온처럼 여러 가지 모습으로 우리에게 기후 변화가 일어나고 있다는 경고를 하고 있어요.

남극은 사람이 살지 않았기 때문에 지구에서 가장 오염이 적은 지역이에요. 그래서 천연 그대로의 과학 실험실이라고 할 수 있어요. 실험을 방해하는 인위적인 요소가 가장 적은 곳이니까요. 그래서 세계 여러 나라들은 남극에 연구소를 세우고 거기에서 온갖 연구를 하고 있습니다.

"로마 시대에는 질 나쁜 포도주에 납을 넣으면 맛이 나아진다고 해서 사람들이 무분별하게 납을 많이 사용했다. 그 결과 로마 시대의 대기 중에는 납 성분이 많이 검출되었다. 로마가 멸망한 건 대기 오염 때문이라고 할 수 있다."

이 연구 결과를 어디에서 얻었을까요? 바로 남극이랍니다. 인간의 활동이 거의 미치지 않은 남극의 순수한 빙하를 연구하다 보면 이런 연구 결과까지 얻을 수 있습니다. 남극 빙하는 지구의 역사책이고, 타임캡슐인 것이지요.

그렇다고 과거 지구의 모습만 연구하는 건 아니에요. 남극에 있는 많은 광물 자원과 생물 자원들도 연구하고 있어요. 지금은 남극 개발이 금지되어 있는데 언젠가 이 금지 조치를 풀 만한 극한적인 상황이 올 수도 있으니까 미리 연구해서 어디에 무엇이 얼마나 있는지 알아 두기 위해서랍니다. 쉽게 말해서 미리미리 "찜"해 놓는 거지요. 부디 그런 상황은 절대로 오지 않기를 바랍니다.

이번에는 북극 이야기를 좀 해 볼까요? 북극은 남극과 달리 대부분이 바다이고 여러 개의 육지들이 바다를 둘러싸고 있어요. 그러니까 북극점은 바닷속에 있습니다. 러시아에서는 북극점에 자기 나라의 깃발을 꽂기 위해 잠수정을 내려 보냈답니다. 물론 티타늄이라는 아주 단단한 금속으로 만든 깃발을 말이죠. 러시아가 이렇게 유난을 떨며 티타늄으로 만든 국기를 해저의 북극점에다 꽂는 것도 다 지구 온난화 때문에 생긴 일이랍니다.

국제법을 보면 해저의 대륙붕(수심이 200m 이내인 해저의 지형)과 연결된 지형도 그 나라의 영토로 인정하고 있어요. 북극은 여러 개의 대륙에 빙 둘러싸여 있잖아요. 그러니까 북극을 둘러싸고 있는 국가들은 북극의 해저 지형을 탐사해서 북극 바다가 자기네 영토임을 증명해 보이고 싶겠지요. 러시아는 북극에 있는 로모노소프 해령이 러시아의 대륙붕과 연결되어 있다고 주장하고 있어요. 물론 러시아의 지질학자들은 이것을 증명하기 위해 열심히 연구하고 있고요.

러시아뿐만 아니라 다른 나라들도 마찬가지로 영토 분쟁에 뛰어들었죠. 왜냐하면 북극에는 석유와 천연가스, 석탄 같은 에너지 자원이 많이 있고, 또 북극의 바다를 이용해 화물을 운반하면 운송비를 절감할 수 있기 때문이죠. 이전에는 얼음으로 뒤덮여 있어 감히 이런 생각을 하지도 못했어요. 막대한 양의 석유와 천연가스가 있다고 한들 얼음으로 둘러싸인 바닷속에서 석유를 채굴하는 데 드는 비용이 너무 비싸 경제적인 가치가 없었으니까요. 그런데 예상 밖으로 북극의 온난화가 빨리 진행되면서 인간의 욕심에 불이 붙어 버린 거지요.

북극의 빙하는 1980년 때보다 크기가 40%쯤 줄어들었어요. 지구의 기온이 올라가면서 북극의 피해가 해마다 빠르게 늘어나서 1년마다 연구 보고서를 새로 써야 할 판이에요. 남극보다도 훨씬 빠른 속도랍니다. 처음에는 2080년 여름에는 북극에서 빙하를 볼 수 없을 거라고 했어요. 그런데 빙하가 줄어드는 속도가 너무 빨라졌어요. 그래서 "2030년이면 여름철에 북극 빙하를 볼 수 없을 것이다"고 발표를 했는데 또 다른 과학자는 "이대로 간다면 2018년 여름에는 북극 빙하를 볼 수 없을 것이다"고 이야기해요.

북극의 빙하가 빨리 사라지는 가장 큰 원인은 강한 파도 때문인 것 같습니다. 북극은 남극과 달리 빙하가 바다 위에 떠 있는데, 이 얼음이 녹으면서 바다의 수면이 드러나게 되었지요. 그동안 파도를 막아

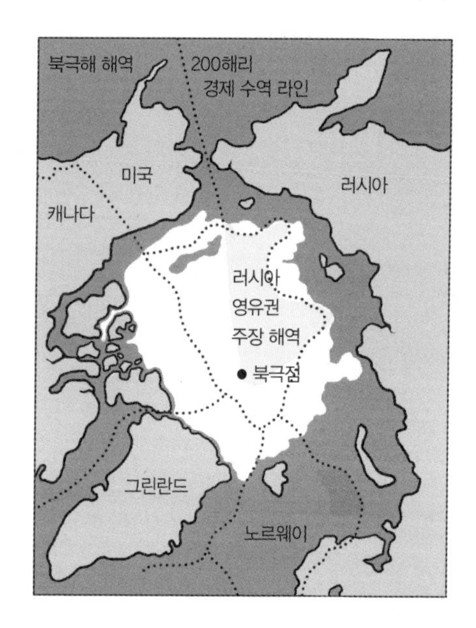

최근 북극해를 둘러싸고 덴마크, 그린란드, 러시아, 노르웨이, 미국, 캐나다 같은 북극권 국가들의 영유권 분쟁과 자원 확보 쟁탈전이 치열하다. 이렇게 갈등하는 것은 북극해에 매장된 것으로 알려진 에너지 자원 때문이다. 북극에는 석유와 천연가스가 전 세계 매장량의 4분의 1쯤 매장되어 있는 것으로 알려져 있다.

주었던 얼음이 사라지면서 차가운 북극 바다의 강한 파도가 주변에 있는 북극 얼음을 활발하게 깎아 내기 시작한 거예요. 게다가 온도까지 신기록을 세우며 높아지니 얼음이 당해 낼 재주가 없는 겁니다.

남극과 다르게 북극에는 타고난 사냥꾼인 곰이 있어요. 사냥꾼이 있다는 이야기는 먹잇감이 풍부하다는 이야기겠지요. 토끼, 여우, 순록, 늑대, 사향소, 게다가 여름마다 구름 떼처럼 몰려드는 모기 떼까지 온갖 생명들이 살고 있습니다. 여름에는 기온도 올라가고 아름다운 꽃이 피며, 곤충과 새와 네발 달린 동물들의 낙원이 되지요. 2~3주의 짧지만 따뜻한 북극의 여름을 이용해 생물들은 짝짓기를 해 후손을 번식합니다. 북극 생태계의 사랑의 축제가 열리는 계절인 것이지요.

북극의 바다는 엄청난 생산성을 가진 바다 중의 왕입니다. 해마다 물고기를 7만 톤 넘게 수확해서 150억 달러의 수입을 거둡니다. 100만 명이 북극 바다에 기대서 먹고살고 있지요.

그런데 그 북극 바다에서 변화가 일어나고 있어요. 북극 바닷물의 온도가 올라가면서 생태계의 가장 바닥을 이루고 있는 플랑크톤이 늘어나고 있어요. 그런데 저위도의 따뜻한 지역에 있는 플랑크톤은 줄어들고 있답니다. 해양 생태계에서 가장 기본이 되는 플랑크톤의 양이 늘고 주는 것은 생태계에 큰 영향을 끼치잖아요. 먼 바다에서 살던 어류들이 높아진 해수의 온도를 피해 북극해 지역까지 옮겨 오고 있어요. 그래서 원래 북극해에서 살고 있던 바닷새와 바다 포유류들이 점점 자리를 빼앗기고 있답니다. 하지만 이들은 더 이상 갈 곳이 없어요. 더워진 바닷물 때문에 계속 밀려나는 이들의 운명은 앞으로 어떻게 될까요?

수천 년 동안 얼어 있던 땅은 계속 얼어 있는 게 맞아요. 얼어 있는 땅이 녹는다는 것은 많은 재앙이 일어날 거라는 예고입니다.

북극에서 영구 동토층이 녹으면 그 위에 세워진 도로며 건물들이 무너집니다. 영구 동토층이란 2년 또는 그 이상 기온이 영하인 지하의 지각을 말합니다. 영구 동토층은 북극과 북극 주변, 고산 지대, 그리고 남극의 일부 지역에 있어요. 영구 동토층이 녹으면 그 안에 갇혀 있던 온실가스들이 쏟아져 나오기도 하지요. 그리고 무엇보다도 북극이 녹색으로 변하게 됩니다. 온갖 종류의 풀과 형형색색의 꽃, 그리고 때를 만나 부지런히 날아다니는 곤충들. 유럽의 전원 풍경을 보는 것 같겠지요. 하지만 아름다운 녹색의 북극은 끔찍한 재난 영화의 한 장면이랍니다.

북극의 얼음은 지구에 들어오는 태양 에너지를 반사시키며 지구의 기온을 조절해 왔습니다. 그런데 얼음이 녹고, 북극이 녹색으로 있는 시간이 늘어나면 태양 복사 에너지를 반사하지 못하고 흡수해 버리게 됩니다. 이런 일이 일어나면 우리가 예상했던 것보다 훨씬 더 빨리 지구의 온도가 올라가 버리겠지요. 북극의 녹색은 재앙을 불러오는 녹색이 되고 말 거예요.

우리가 뀌는 방귀는 성분을 보면 70%는 입을 통해 들어간 공기이고, 20% 정도는 혈액에 녹아 있던 가스이고, 나머지 10%가 음식물이 장에서 분해되면서 생긴 악취의 주범인 몇몇 가스들이에요. 방귀의 지독한 악취는 음식물이 소화되면서 생기는 수소와 메탄가스가 세균에 의해 음식물 속의 황 성분과 결합하면서 만들어 낸 천연 향(?)이에요. 그러니까 악취를 줄이기 위해선 수소와 메탄가스를 더 많이 만들어 내는 육류와 콩단백류를 덜 먹으면 되겠지요. 그래도 숫제 냄새 없는 방귀를 뀔 수는 없어요. 장 안에 있는 세균이 음식물들을 분해하는데 그게 썩히는 과정이거든요. 그러니 썩는 냄새가 안 날 수가 없습니다. 사람이 하루에 내보내는 방귀 가스 양은 먹은 음식의 종류나 먹은 시간에 따라 다르겠지만 200~1,500ml쯤 된답니다. 갑자기 뜬금없이 방귀 얘기냐고요? 지구도 방귀를 뀌기 시작했거든요. 그것도 점점 더 많이, 점점 더 빨리.

얼마 전, 시베리아 북부 체르스키에 있는 호수를 살펴보던 과학자들이 부글부글 기포가 발생하는 곳을 발견했어요. 부글거리는 기포의 정체는 바로 방귀의 성분인 메탄이었습니다. 이곳에서 메탄가스가 부글거리는 까닭은 1년 내내 얼어 있던 영구 동토층이 녹고 있기 때문이랍니다.

호수 안에 있는 영구 동토층에는 왜 메탄가스가 생길까요? 세계의 다른 호수들과 마찬가지로 이 극지방의 호수 바닥에도 호수 생태계나 육지의 생태계를 이루던 동식물의 사체가 묻혀 있습니다. 그리고 그 사체들은 박테리아의 활동으로 분해되고 있고요. 그 과정에서 탄소와 메탄가스들이 만들어졌겠지요. 하지만 이 가스들은 계속 얼어 있는 땅에 갇혀 대기 중으로 나올 수 없었습니다. 그런데 영구 동토층이 녹으면서 그동안 갇혀 있던 가스들이 한꺼번에 쏟아져 나오기 시작한 거예요. 지구가 그동안 참아 왔던 방귀를 한꺼번에 뀌기 시작한 겁니다. 그런데 방귀의 메탄가스는 이산화탄소보다 온실 효과를 일으키는 힘이 23배나 세다고 합니다. 영구 동토층의 방귀는 지구 온난화의 속도를 높이는 가속 장치인 셈이지요. 이 현상은 시베리아에서만 일어나는 것이 아니라 북극해 주변의 그린란드나 알래스카에서도 관찰되고 있답니다.

남극과 북극, 너무나 소중한 그들

극지방은 마치 기후 온난화를 측정할 수 있는 지표와 같은 구실을 합니다. 서울 시청 앞에 진달래를 심은 적이 있어요. 진달래는 오염된 공기에서는 잘 자랄 수가 없습니다. 그래서 서울의 대기가 얼마나 오염되었는지 측정할 수 있는 지표로 시청 앞 마당에 심은 것이지요. 지구의 북극과 남극 지역도 기후 변화의 지표입니다.

극지방의 얼음이 모두 녹을 경우 바닷물은 60m 이상 높아질 것이라고 합니다. 공포 영화의 선전 문구 같은 말이지요. 그런데 극지방은 지표 구실만 하는 게 아닙니다. 기후를 조절하기 위해 중요한 일을 하고 있습니다.

먼저 극지방은 지구 전체 기후를 조절하기 위해서 거대한 열 저장고 구실을 하고 있습니다. 극지방은 높은 반사율을 가지고 있어요. 얼음과 눈으로 뒤덮인 극지방은 태양 빛을 70%쯤 반사한답니다. 그래서 지구는 평균 반사율 30%를 유지하게 되는 거지요. 만약 극지방의 얼음과 눈이 모두 녹으면 햇빛을 반사하는 정도가 작아져서 지구의 온도가 급격하게 올라갈 거예요. 그리고 면적이 2천만km^2가 넘는 차가운 표층수 때문에 남극해는 대기 중 이산화탄소를 녹여 이산화탄소의 양이 늘어나는 것을 조절하고 있습니다.

또한 극지방은 지구의 온도를 조절해주는 열 균형 펌프장 역할도 한답니다. 지구의 불균등한 열을 이동시키는 거대한 순환의 출발점이 바로 북극과 남극의 바다입니다. 마치 거대한 펌프를 작동시켜 지구 전체의 바닷물을 위아래로 휘휘 저어 주는 역할을 하는 순환의 출발점이랍니다.

남극의 웨들 해에서는 겨울 동안 남극의 제일 바닥으로 내려가 가라앉는 심층수가 만들어집니다. 냉동실에 얼려 놓았던 설탕물을 꺼내 조금 녹았을 때 마시면 처음보다 달아요. 왜냐하면 물이 얼 때는 설탕을 얼음 밖으로 내보내기 때문이에요. 마찬가지로 웨들 해의 바닷물이 얼 때, 얼지 않는 차가운 바닷물은 평소보다 더 짜지게 되고 밀도도 커집니다. 덕분에 밀도가 커진 짠 바닷물은 아래로 내려가 긴 여행을 시작하게 됩니다.

북대서양에서도 심층수가 만들어집니다. 멕시코 만류에서 공급된 따뜻한 바닷물은 높은 온도 때문에 증발이 활발하게 일어납니다. 그래서 바닷물이 점점 더 짜지면서 염분이 높아지게 되지요.

하지만 북대서양의 바닷물은 염분은 높지만 따뜻해서 아래로 가라앉을 만큼 밀도가 크지는 않아요. 그런데 캐나다 북부에서 불어오는 차가운 바람 때문에 북대서양의 바닷물이 식어 갑니다. 짠데다가 차갑기까지 하니 밀도가 큰 바닷물이 되는 거지요. 북대서양과 북극해가 맞닿아 있는 그린란드 동쪽과 래브라도 해협에서 밀도가 큰 바닷물은 깊은 바다로 내려가 전 세계 대양을 항해하는 긴 여행을 시작하게 된답니다.

재난 영화 〈투모로우〉는 온난화 때문에 빙하기가 오게 되었다는 이야기를 하고 있어요. 어떻게 온난화 때문에 빙하기가 올 수 있을까요? 남북극에서 만들어진 심층수가 항해를 멈추면 그런 일이 생길 수도 있습니다. 같이 한번 살펴볼까요?

북극해를 둘러싸고 있는 북극 대륙의 강물들은 모두 북극해를 향해 흘러갑니다. 북극해에 닿으면 짜지 않은 육지의 물을 쏟아 놓지요. 그린란드의 빙하도 바다를 향해 이동해 갑니다. 시간의 깊이를 알 수 없는 오래된 얼음들이 천천히 몸을 뒤척이며 밀려가 바다에 빠집니다. 기온이 올라가면서 빙하가 급속도로 몸집이 줄어드니까 더욱더 많은

원으로 표시한 부분은 극지방과 그린란드 주변 바다로, 해수 순환에서 가장 중요한 역할을 하는 심층수가 만들어지는 곳이다. 심층수가 만들어져야 많은 물이 심해로 가라앉고, 공간이 생겨야 적도 부근의 따뜻한 해류가 컨베이어처럼 차례차례 극지방으로 올라온다.

양의 물을 북극과 북대서양의 바다로 흘려보내 바다의 염분을 낮춘답니다. 급기야 빙하의 눈물은 지구의 열 균형을 맞춰 주는 펌프의 작동을 멈춰 버립니다. 빙하 때문에 바닷물의 염분이 낮아져서 순환이 멈춰진다는 이야기예요.

앞서 있던 바닷물이 아래로 내려가야 뒤따라오던 바닷물도 밀려올 수 있는데 앞의 바닷물이 버티고 있으니까 순환이 안 되는 거지요. 바닷물의 순환이 멈추게 되면 북대서양을 흐르던 난류도 흐르지 않게 되고 지구의 열 이동도 멈추게 됩니다. 적도 주변은 더욱더 에너지 과잉 상태가 되고 극지방은 에너지 기아 상태가 됩니다. 이렇게 에너지가 고르지 못한 것을 해결하기 위해 거대한 태풍이 만들어집니다. 영화 속에 등장하는, 대륙에서 만들어진 거대한 저기압은 성층권까지 성장합니다. 태풍의 눈을 통해 지표면으로 끌려 내려온 성층권의 찬 공기는 갑자기 땅 위의 모든 것을 얼려 버리고 맙니다.

태풍은 며칠 만에 사라졌지만 이미 얼어 버린 북반구의 전체 대륙은 햇볕을 받아들일 수 없는 조건이 되어 버렸습니다. 쌓인 눈이 햇빛을 반사해 버려 지구의 반사율을 증가시켰습니다. 이제 지구의 북반구는 오랫동안 사람이 살 수 없는 죽음의 얼음 사막이 되어 버렸습니다. 영화는 그렇게 끝이 납니다.

그런데 최근 북대서양 극지방의 바닷물 염분 농도가 점점 낮아지고 있는 게 확인되었습니다. 염분이 낮아진다는 것은 밀도가 작아져 바닥으로 가라앉는 수직 순환이 잘 일어나지 않을 수 있다는 것이지요.

기후학자들이 걱정하는 것은 지구 온난화로 지구의 온도가 계속 올라가고, 북극의 빙하들이 계속 녹아 바다로 들어올 경우 염분 농도가 낮아질 가능성이 실제로 있다는 거예요. 그렇게 되면 거대한 에너지 수송 펌프가 멈춰 버릴 수도 있겠죠. 에너지 수송 펌프가 멈춰 버린다면 지구는 에너지 불균형을 해소하기 위해 다른 방법을 써서 움직일 거예요. 그리고 그건 어쩌면 지구를 돌이킬 수 없는 최악의 상태로 몰아갈지도 모르는 일이지요.

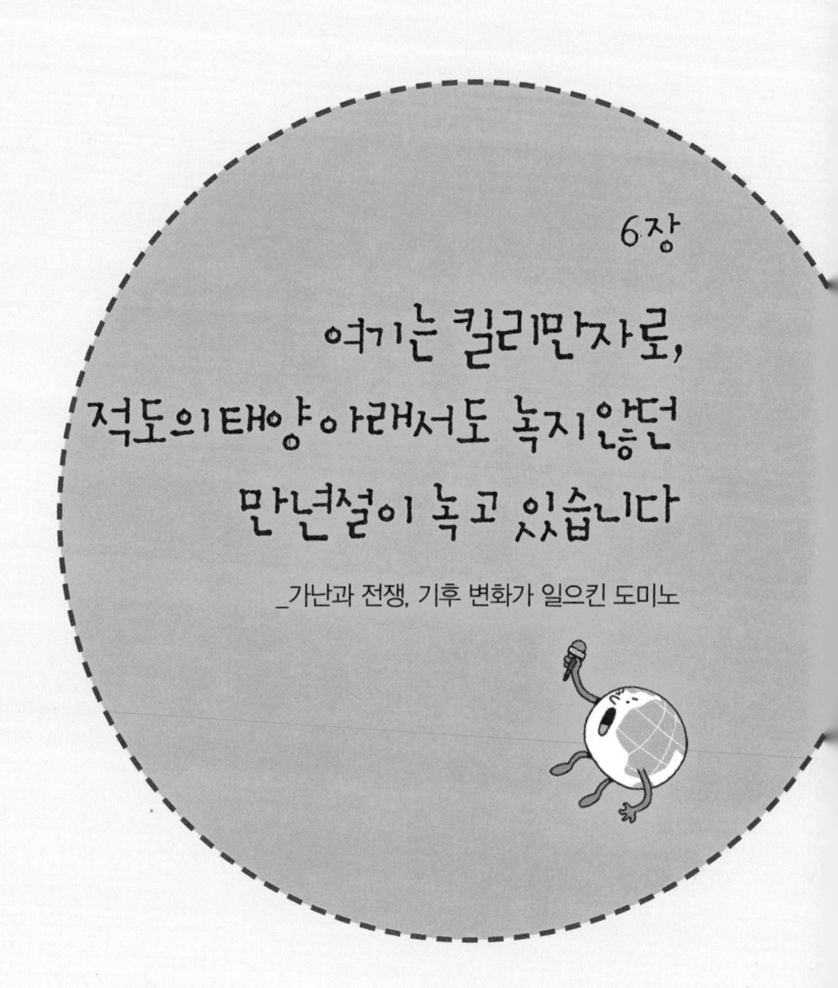

6장

여기는 킬리만자로, 적도의 태양 아래서도 녹지 않던 만년설이 녹고 있습니다

_가난과 전쟁, 기후 변화가 일으킨 도미노

아프리카의 눈물

※ 아프리카 기아 현장을 담은 사진을 차마 실을 수 없어서 글로 옮긴다.

#1

여기는 아프리카. 아이가 힘없이 누워 있다. 흰 실처럼 생긴 기생충이 아이 몸을 뚫고 나오고 있다. 기니충, 이 기생충은 길이가 1m가 넘는다. 꺼내다가 실수라도 해서 끊어지면 나머지 부분을 찾을 수 없어 낭패다. 몸 안을 휘젓고 다니는 기생충이 만약 뇌로 들어가면 아이는 목숨을 잃는다. 엄마가 몇 번을 기니충을 잡아당겼고, 그때마다 몸을 더 파고드는 기니충 때문에 아이는 고통스러웠다. 기니충이 몸 안에서 살게 된 건 오염된 물을 먹었기 때문이다. 기니충이 눈에 보일 정도면 몸 안에는 얼마나 많은 알이 있을까? 아무도 모를 일이다.

#2

길게 뻗어 있는 네 개의 막대기가 아마도 팔과 다리일 것이다. 아이는 팔을 휘휘 저으며 자신만큼이나 말라 있는 소의 엉덩이에서 꼬리를 밀치고 입을 가까이 댄다. 왜 소의 엉덩이에 입을 가까이 하는 걸까? 소의 오줌을 먹기 위해서이다. 목이 말라 마실 물을 구할 수 없어 자신의 오줌을 마시다 소의 오줌까지 찾게 된 것이다.

#3

독수리 한 마리가 가만히 앉아 있다. 먹잇감이 마지막 숨을 거두기를 끈기 있게 기다리고 있다. 독수리는 아주 오랫동안 그 자리에서 꼼짝도 안 하고 있었던 것 같다. 독수리 앞에는 돌잡이쯤으로 보이는 아이가 있다. 아이 몸은 작고 가늘다. 무거워 보이는 머리를 땅에 대고 가만히 숨을 헐떡이고 있다. 아이는 꼼짝하지 않는다. 아주 오래도록. 독수리도 가만히 아이의 죽음을 기다리고 있다.

#4

마치 생물실의 인체 골격 모델을 옮겨 놓은 듯한 소년이 한 여인의 무릎 위에 놓여 있다. 여인의 젖가슴은 한 번이라도 풍성하게 젖이 나왔을까 싶을 만큼 말라 있다. 아이는 아직 숨이 붙어 있을까? 퀭한 어미의 눈동자는 누구를 원망하는 것일까? 하늘을 향해 삿대질이라도 하면 그 속이 달래질까? 마른 잎사귀의 파삭거리는 소리가 들리는 듯하다.

#5

진짜로 죽은 사람들일까? 마치 긴 낮잠을 자듯 뙤약볕 아래 뒹굴고 있는 사람들. 햇빛을 받아 노랗게 푸석거리는 모래와 사막의 낮과 밤의 바람이 깎아 놓은 삼릉석이 흩어져 있다. 도대체 며칠이나 이들의 주검이 방치되어 있었던 것일까? 이들 주변에 흩어져 있는 뼈만 남은 짐승들처럼 이들도 그렇게 사라져 갈 것인가?

#6

소말리아 땅. 한 어머니의 사진이다. 어머니는 햇볕에 타들어가는 빈 들을 걸어온 듯하다. 그녀의 마을은 얼마나 떨어져 있는 것일까. 그 여인이 마을에서 한참이나 떨어진 빈 들을 찾아온 데는 특별한 이유가 있을 것 같다. 여인이 허리를 굽혀 뭔가를 내려놓고 있다. 흰색 천으로 정갈하게 싼 물체이다. 위와 아래가 묶여 있는 작고 길쭉한 이 물체는 뭘까? 허리를 굽히고 있어서 여인의 얼굴을 볼 수 없지만 사진 속에서도 말라 버린 어깨가 들썩이고 있는 듯하다. 여인이 오래도록 가슴에 안고 온 건 바로 그녀의 아이이다. 생명을 놓아 버린 그 손으로 음식을 쥐어 본 게 언제일까? 여인은 흰 천으로 감싼 아이를 빈 들판에 그대로 내려놓고 돌아서려는 것일까?

쿠제바하사 할아버지

우간다와 콩고의 국경이 맞닿아 있는 곳에 루웬조리 산맥이 있다. 루웬조리 중심에는 최고봉 마르게리타 산이 만년설을 머리에 이고 우뚝 솟아 있고, 이 만년설에서 흘러내린 물이 아프리카의 젖줄인 백나일 강의 시작이다.

루웬조리를 따라 올라가다 보면 각양각색의 생태계를 만날 수 있다. 제일 아래 지역에는 원시림이 끝없이 펼쳐져 있고 그 다음 단계 높이에는 키가 12m나 되는 열대의 대나무가 하늘을 찌르고 있다. 대나무가 자라는 지역의 식물들은 낮과 밤의 기온 차이에 잘 적응해 놀랄 만큼 성장 속도가 빠르다. 대나무 숲이 끝나는 지점에는 키가 10m쯤 되는 철쭉과 상록수가 무리 지어 자라고 있고, 그 위로는 식물들이 뜸해지면서 바위들이 자리를 잡고 있다. 루웬조리 숲에는 나무타기사자, 붉은 물소, 봉고 같은 희귀한 동물이 살고 있고, 70년대 아프리카 내전 때 상아를 얻기 위해 마구잡이로 사냥해 멸종 위기에 있는 아프리카코끼리도 만날 수 있고, 긴꼬리원숭이, 침팬지 들도 볼 수 있다.

쿠제바하사 할아버지는 루웬조리에서 태어나 평생 농부로 살아왔다. 할아버지는 루웬조리의 기후 변화를 이렇게 이야기한다.

"나는 루웬조리에서 1938년에 태어났어. 평생 농사지으며 살았지. 옛날에 이곳은 농사짓기 참 좋았어. 1년에 여러 번 씨를 뿌릴 수 있었거든. 3월에 씨를 한 번 뿌리고 7월에 두 번째 씨를 뿌렸지. 다 루웬조리의 누주루루 덕분이야. 우리는 빙하를 그렇게 불러. 누주루루가 녹아 우리한테 물을 충분히 대 줘서 그런 거야. 그런데 말이야, 지금은 비가 내리는 9월에만 겨우 씨를 뿌릴 수 있어. 다 더운 바람 탓이야. 더운 바람이 누주루루를 데리고 가 버린 거야. 옛날에 루웬조리는 모두 이 누주루루가 덮고 있었거든. 하지만 하나도 남아 있지 않아. 누주루루가 없어지자 사람들이 말라리아에 걸리기 시작했어. 말라리아는 더운 곳에서나 걸리는 병인데, 이곳 사람들도 이제 말라리아를 걱정하게 된 거지. 다 더운 바람이 누주루루를 데리고 갔기 때문이야."

할아버지 말대로 루웬조리의 빙하는 1955년보다 40%나 줄어들었으며, 킬리만자로나 케냐 산맥에서도 마찬가지 상황이 벌어지고 있다. 이렇게 빙하가 줄어들자 빙하가 중요한 물의 공급원이었던 지역에서는 더 이상 농사를 지을 수 없게 되고, 가축들도 기를 수 없게 되어 버렸다. 사람들은 결국 고향을 등지고 물을 찾아, 먹을거리와 일자리를 찾아 떠나게 되었다.

탐바 이야기

서아프리카 말리에서 태어나 무슬림으로 살아온 탐바는 말리의 기후 변화를 이렇게 이야기한다.

"제 이름은 탐바. 1960년, 말리에서 태어났습니다. 말리는 서아프리카의 밥통이라고 알려진 나라예요. 저는 날씨란 별자리처럼 규칙적이어서 늘 예상할 수 있다고 생각했어요. 아이들이 좋아하는 황새 노랫소리가 들릴 때쯤이면 날이 쌀쌀해지기 시작하는데 쌀쌀한 날은 보통 5,6개월쯤 이어지죠. 비는 여름에 오는 거지요. 아주 옛날에는 9월에도 씨를 뿌리고 풍성한 수확을 기다렸어요. 그때는 땅콩 같은 건 한 계절에 12번이나 수확할 수 있었다니까요. 동물들도 1년 내내 물을 쉽게 먹을 수 있었고, 초목들은 짙푸르렀어요. 그런데 1973년에 심한 가뭄이 닥쳤어요. 그때 가축들이 몽땅 떼죽음을 당했죠.

그러자 이곳에 사는 사람들은 먹고살기 위해 나무들을 베어다 팔기 시작했어요. 그 뒤에도 가뭄은 해결되지 않았고, 사람들이 점점 더 많이 나무를 베어다 팔았어요. 그러니 나무들이 남아나겠어요? 산은 점점 파괴되어 갔죠. 농작물 수확량도 눈에 띄게 줄어들었어요. 또, 어부들도 할 일이 없어졌어요. 강물이 말라 버렸거든요. 어부들은 더 이상 배를 띄울 수 없게 되자 고향을 떠나 버렸지요. 그나마 남아 있는 물도 점점 오염되어 갔어요. 아직 힘이 있어 도시에서 일을 할 수 있는 젊은이들은 마을을 떠나 버렸지요.

정부는 이런 문제를 해결할 만한 돈이 없어요. 환경은 점점 더 나빠졌어요. 마르칼라라는 도시는 제법 큰 도시였는데, 거기도 마찬가지예요. 원래 그곳은 고기가 많이 잡히던 곳이었어요. 그런데 이제는 그

도시에서 팔리고 있는 어류들은 모두 세네갈에서 수입해 온 거예요. 이전에는 고기를 잡을 수 있는 시간이 3개월쯤 되었는데 이제는 2, 3주밖에 안 돼요. 나제르 강이 우리에게 물고기를 허락하지 않는 거죠.

1985년에는 수레에 가득한 땔나무를 4달러에 살 수 있었어요. 그런데 이제는 12달러를 줘야 살 수 있어요. 그만큼 삼림이 파괴되어 나무를 구하기 어렵게 되었다는 거예요. 2007년에는 계속 굉장히 더웠는데 얼마나 더웠으면 모기의 왕이라고 하는 니오노 모기가 몽땅 죽어버렸어요. 그때는 라디오에서 날마다 모기가 죽었다는 방송을 했다니까요.

티이엔이라는 이웃 마을에서는 젖소를 길러 1년 내내 돈을 벌 수 있었어요. 왜냐하면 우유를 안 먹는 사람들은 없잖아요. 티이엔 사람들은 자기네들이 충분히 먹고도 다른 도시에 우유를 내다 팔 수 있을 정도였어요. 땅도 굉장히 비옥해서 온갖 채소를 길러 시장에 팔기도 했지요. 그곳 사람들은 그렇게 모은 돈으로 옷이나 가축을 사기도 하고 결혼 지참금을 마련하기도 했지요. 덕분에 마을 사람들은 필요한 만큼 돈을 벌 수 있었어요. 그런데 날씨가 더워지면서 비가 내리는 날이 점점 줄어들었어요. 냇물이 말라 가고 마을 사람들은 지하수를 팔 수밖에 없었어요 가축들은 점점 비쩍 말라 갔고 농작물도 타들어 갔어요 많은 사람들이 마을을 떠났고, 이제는 얼마 안 되는 사람들만 굶주린 채 마을에 남아 있어요. 환경이 도저히 예측할 수도 이해할 수도 없게 변해 버린 건 기후 변화 때문이에요. 기후 변화가 아프리카를 위협하고 있어요."

목마른 검은 대륙, 아프리카

세계에서 가장 큰 사막인 사하라가 있는 아프리카, 이 뜨거운 적도의 땅에도 빙하가 있어요. 지구 표면을 둘러싸고 움직이는 지판이 벌어지면서 만들어졌습니다. 동아프리카의 열곡대에 줄지어 서 있는데 5,000m 이상의 높이를 자랑하고 있는 킬리만자로, 케냐, 루웬조리 모두 빙하가 있는 산들입니다. 이들 빙하는 조금씩 녹아서 흘러내리며 주변의 마른 땅에 엄청난 물을 공급해 주고 있어요. 그런데 이 열대의 빙하들이 점점 사라지고 있습니다. 아마 이 세기가 끝나기 전에 이들 산은 더 이상 만년설의 눈물을 흘려보내지 못하게 될 것 같아요. 기후 변화가 만들어 낸 아프리카의 비극 가운데 하나지요.

세계 기아 인구의 1/4이 아프리카 특히 사하라 이남 지역의 아프리카에 밀집해 있습니다. 아프리카에 기아 난민들이 많이 있는 까닭으로 여러 가지를 말할 수 있습니다. 기후 변화 때문에 생긴 가뭄과 기근 또 가뭄과 기근의 악순환으로 지나치게 환경을 파괴한 것, 자원을 둘러싼 내전과 종교 분쟁 들이 뒤섞여 있습니다. 21세기의 아프리카는 기후 변화와 여러 문제가 뒤섞여 죽음이 넘쳐 나고 있습니다.

아프리카 동부에 대서양과 맞닿아 있는 곳은 뿔처럼 튀어나와 있는데 그곳에는 지부티, 케냐, 소말리아, 에티오피아가 모여 있어요. 이 지역을 '아프리카의 뿔'이라고 합니다. 21세기에 이 지역은 굶주림과 학살에 지친 영혼들이 떠도는 곳이 되어 버렸어요. 뿔난 생지옥이 되어 버린 것이지요.

2006년은 아프리카의 가뭄이 극심했던 해인데 특히 케냐, 말라위,

적도의 태양 아래서도 영원히 녹지 않을 것 같던 킬리만자로의 만년설이 최근 눈에 띄게 사라지고 있다.

우간다, 부룬디가 아주 심한 가뭄을 겪었어요. 1,100만 명이 굶주림과 목마름에 시달렸지요. 우리나라 인구가 5,000만 명이니까 얼마나 많은 사람이 굶주렸는지 짐작이 가지요? 그리고 2009년에 아프리카의 뿔 지역은 강수량이 예년의 75%도 안 되서 또다시 극심한 가뭄을 겪게 됩니다. 이제 이들에게 굶주림과 목마름은 일상이 되어 버렸답니다. 빈 들에는 죽어 가는 야생 동물과 사람들이 키우던 가축들의 뼈가 즐비했고, 학교에서 아이들이 공부하다가 쓰러지기도 했답니다. 어른들은 물을 찾아 몇 날 며칠을 헤매고 다녔지요. 이런 기아 인구가 케냐 350만 명, 탄자니아 370만 명, 에티오피아 260만 명, 소말리아 200만 명, 그 외 지역에도 100만 명이나 된답니다. 지금 이 사람들은 세계 곳곳에서 원조해 주는 식량으로 겨우 목숨을 이어 가고 있습니다.

동아프리카의 기후는 2월 말부터 4월까지는 우기이고, 6~9월 초까지는 건기로 접어들어요. 7월 초가 되면 40℃를 웃돌며 바람 한 점 불지 않는 쨍쨍하게 맑은 날씨가 이어집니다. 하지만 이제는 우기에도

코뿔소의 뿔처럼 뾰족하게 튀어나왔다고 해서 아프리카의 북동 지역을 '아프리카의 뿔'이라 한다. 에티오피아, 소말리아, 지부티, 케냐 같은 나라가 여기에 속하는데 이곳 사람들은 계속된 가뭄과 내전으로 절망적인 생활을 하고 있다.

예전처럼 비가 내리지 않아요. 그런데 아프리카의 뿔 지역 사람들이 목이 마른 게 비가 안 내리는 것 때문만은 아니에요.

소말리아는 20년 넘게 계속된 내전으로 전쟁터가 아닌 지역이 없을 정도랍니다. 처음에는 소말리아 내에 있는 여러 개의 씨족들의 세력 다툼이 시작이었어요. 그러나 이것이 정권을 장악하기 위한 군벌들의 내전으로 이어지고, 과거 소말리아 영토였던 지역을 에티오피아로부터 독립시키려는 전쟁으로 확산되면서 일은 커졌어요. 게다가 소말리아가 에티오피아로부터 독립시키려는 지역 중 한군데인 오가덴 지역의 석유 자원을 보호하기 위해 미국이 에티오피아를 지원하면서부터 분쟁과 갈등은 더욱 깊어지기만 하고 있습니다.

뭐라고 할 말이 없습니다. 기후 변화 때문에 생긴 가뭄과 기근, 그리고 목마름에다가 종교 분쟁, 석유를 둘러싼 이권, 영토 분쟁, 서방 세계의 개입, 씨족 사이의 갈등까지 맞물려 있으니, 불씨를 안고 마른 짚 더미 안으로 들어가는 꼴입니다.

아프리카 지도를 보고 있으면 뭔가 특이하지 않나요? 나라들 사이에 있는 국경선이 자로 그린 듯이 반듯합니다. 이 반듯한 국경선이 아프리카 분쟁의 원인이 되고 있어요.

아프리카는 과거 영국과 프랑스의 식민지였어요. 그러다 2차 세계대전이 끝난 뒤 아프리카의 식민지들이 독립 국가를 세우게 되었어요. 이때 식민지 시절에 대충 그어 놓은 선을 국경선으로 정했답니다. 그러다 보니 같은 종족이 다른 나라 국민이 되기도 하고, 다른 종족이 같은 나라의 국민이 되기도 했지요. 시간이 지나면서 원하지 않게 한 나라가 된 종족들은 서로 독립하려고 했어요. 그게 또 영토 분쟁의 씨앗이 되었지요. 게다가 아프리카가 막 독립국으로 모양을 갖춰 나갈 즈음 세계는 미국과 소련을 중심으로 한 냉전 시대였어요. 미국과 소련은 아프리카의 독립 정부들을 서로 자기네 편으로 만들기 위해 돈과 무기를 대 주었어요. 그렇게 세워진 정부가 국민을 위한 정부가 될 수 있었겠어요? 무능하고 부패하고, 장기 집권을 위한 부정 선거까지. 과거 식민지의 역사가 지금 아프리카 내전의 원인이 된 셈이지요. 거기에다 석유라는 자원이 개입되면 분쟁의 원인은 더 복잡해집니다. 전쟁은 아프리카에서 하고 있지만 진짜 전쟁터는 석유를 둘러싼 전 세계인 셈이지요.

아프리카에서 분쟁 지역을 표시해 보면 전 대륙의 1/3이 넘어요. 중앙아프리카, 북동부 아프리카, 남아프리카, 서아프리카, 북아프리카 어디 한 군데도 평화를 찾은 곳이 없어요. 그나마 남아프리카 공화국은 흑인 대통령 넬슨 만델라를 뽑으면서 민주적인 정치 체제를 세워 분쟁이 없는 지역이 될 뻔했지요. 하지만 남아프리카 공화국도 전쟁

우주선을 타고 남아공 요하네스버그에 온 외계인들과 이미 그곳에 정착해 살고 있는 지구인들과의 갈등을 다룬 영화 〈디스트릭트 9〉. 이 영화에서 강제로 집에서 쫓겨나 강제 이주를 당한 외계인 가족 이야기는 실제로 1970년대 케이프타운 '디스트릭트 6'에 살다가 백인 정부에 의해 강제로 이주당한 외국인 노동자 이야기와 흡사하다.

터이기는 마찬가지예요.

전쟁과 기아와 가뭄을 피해, 혹은 굶어 죽어 가는 가족들을 살리기 위해 남아프리카 공화국으로 일자리를 찾아 들어온 외국인 노동자들과 남아프리카 공화국 사람들 사이에서 다시 한번 내전이 일어나고 있어요. 영화 〈디스트릭트 9〉는 이런 남아공의 문제를 빗대어 만든 거예요. 영화에 나오는 외계인을 외국인 노동자로 보면 이해가 될 거예요. 대낮에 길거리에서 외국인 노동자라는 이유로 불에 타 죽이는 사건도 일어났고, 집단 충돌도 자주 일어납니다.

아프리카 땅 어디에서도 평화를 찾을 수 없어요. 가난은 분쟁을 낳고, 분쟁은 가난을 더 깊고 굴곡지게 만들어 버렸습니다.

인터뷰
사헬이 사막으로 변하게 된 까닭은?
저길 보라고~
보이지? 사헬 지대엔 남아 있는 풀이나 나무가 없어.
사람들이 정착 생활을 하면서 나무가 없어지고 초원이 사라진 거야.
넘어 간다~!
드드드드
자기네들 살겠다고 자연을 마구 파괴한 거라고!
예전에는 바닷바람이 불어서 비도 좀 오더만, 요즘은 바람도 없어!
이게 다 바다가 뜨거워져서 그렇다는구먼.
그런데 왠지 표정은 즐거워 하는 것 같은 데요...
아까부터 계속 웃고 있어
늘 이런 표정이라고! 낙타는 원래 그런 거야!
웃으면서 화내고 있다
내가 웃는 게 웃는 게 아니야~♪
예에~

커지는 사헬 지대, 보이는 모든 게 사막

아프리카 중에서도 가장 가난한 사람이 사는 곳, 아프리카의 사헬 지대. 사헬은 사막과 초원을 연결하는 중간 지대입니다. 동서로 길게 뻗어 있는 띠 모양의 사헬 지역 위쪽은 세계에서 가장 넓은 사하라가 있고, 사헬이 끝나는 지점에서 적도의 열대 지역이 시작됩니다. 그러니까 사헬은 그 사이에 있는 반건조 지대인 셈입니다. 1년의 대부분은 비가 오지 않는 건기이고 6~8월 사이에 평균 200mm 정도 비가 옵니다. 우리나라에는 1년에 1,200mm가 오니까 비교해 보세요.

이 지역 사람들은 넓게 펼쳐져 있는 초원에서 유목 생활을 하거나 강을 중심으로 농사를 짓기도 합니다. 그런데 최근 30년 동안 강우량이 평균 25%나 줄어들었어요. 이렇게 되니 점점 사막이 넓어져서 반건조 지대인 사헬이 건조 지대로 변하고 있습니다. 초원이 사라진 곳에서 유목민들은 더 이상 가축을 몰 수 없어요. 사헬 지대를 가다 보면 텅 비어 버린 마을들을 쉽게 만날 수 있습니다. 나무는 줄어들고 모래바람은 비어 버린 마을을 덮치고 있지요. 사하라와 사헬이 점점 아래쪽으로 커지면서 사막 지역이 넓어지고 있는 거예요.

반건조 지역인 사헬이 사막으로 변하게 된 까닭은 무엇일까요?

하나는 대서양의 수온이 높아졌기 때문입니다. 적도에 가까운 사헬 지역에서는 대지가 태양열로 뜨겁게 달구어지는데 그러면 대지의 열로 공기가 데워져서 활발히 상승하게 됩니다. 공기가 상승해서 엉성해지면 주변에 있는 차갑고 밀도가 큰 공기가 밀고 들어옵니다. 이 차가운 공기는 대서양의 습기를 가득 품은 공기예요. 이렇게 공급된 수증기가 위로 올라가면서 구름을 만들고 비를 내리게 됩니다. 그런데 최근 대서양의 해수면 온도가 올라가면서 공기의 밀도가 낮아져 버려 사헬 지역으로 이동하지 못하게 되었어요. 습기를 담뿍 머금은 습한 대서양의 공기가 사헬 지역으로 밀려들어 오지 못하게 된 거지요.

또 하나는 환경 파괴에 원인이 있습니다. 과거 사헬 지역 사람들은 자연이 인도하는 길을 따라 가축을 몰고 풀이 있는 곳을 따라 떠돌아 다니며 생활했습니다. 그런데 인구가 늘어나자 정착해서 농사를 짓는 사람들이 늘어났어요. 농사짓는 사람들이 늘어나면서 나무도 없어지고 대지도 점점 더 황폐해졌습니다. 초원과 나무가 사라지게 되면 지표면에 닿는 햇볕은 다시 많은 양이 반사되고 맙니다. 오후에 운동장에 섰을 때 눈이 부신 것도 같은 원리예요. 운동장의 모래처럼 태양빛을 반사하게 되면서 사헬 지역의 지표 온도가 과거보다 내려갔습니다. 온도가 내려가니까 주변 공기를 데울 수 없지요. 공기의 온도가 올라가서 상승 운동을 해야 주변에 있는 습도가 높은 공기가 밀고 들어올 수 있을 텐데 그럴 수가 없게 된 거예요. 그러니까 상승 운동을 하지 못하기 때문에 구름이 만들어질 수도 없고, 비도 내리지 않게 된 것입니다. 이렇게 대서양의 수온 상승과 환경 파괴가 사헬 지역을 사막으로 변화시키고 또 확대시키고 있는 것이지요.

그런데 기아 문제를 다른 시각으로 보는 사람들도 있습니다. 그 사람들은 아프리카 사람들이 굶주림에 시달리는 것은, 흉년 때문에 자연적으로 생긴 게 아니라 빈인빈 부익부와 같은 경제적 문제 때문이라고 주장하고 있어요.

말라리아가 점점 퍼지고 있다

해마다 70만 명에서 270만 명 정도의 사람들이 말라리아로 죽어 가고 있습니다. 그리고 그 가운데 75%는 아프리카 아이들입니다.

동부 아프리카 고산 지대에 말라리아가 나타났답니다. 왜 과거에는 없었던 질병이 생기는 것일까요? 따뜻한 시기에 비가 많이 오는 기상 변화가 생기면서 말라리아 유충이 잘 자라는 환경이 되어 버렸기 때문이랍니다. 새로운 지역으로 말라리아가 퍼지고 있는 거지요. 이제는 케냐의 고산 지대에서도 말라리아균이 발견되었다는군요.

아프리카의 생태계도 위기에 빠져 있습니다. 아프리카에 있는 식물 5,000종을 조사한 결과를 보면, 80%에서 90%의 토종 생물들이 기후 변화 때문에 수가 줄어들거나 서식지를 떠나 이동하고 있다고 합니다. 기후 변화로 온도가 올라가니까 더위를 피해 높은 곳으로 계속 쫓겨 옮겨 가는 것이지요. 그러면 원래부터 높은 지역에 살았던 생물들은 어디로 가야 할까요?

그런데 사하라 이남 지역의 경제 성장률이 세계 경제 성장률보다 높다고 합니다. 시장성과 성장할 수 있는 잠재력이 높다는 것이지요. 그래서 많은 기업들이 금, 다이아몬드 우라늄, 니켈 같은 광물 자원과 석유를 캐내기 위해 앞다퉈 투자를 하고 있습니다. 가난한 나라에 투자가 이루어지니 다행일까요? 아니라고요? 광산 개발은 또 다른 환경 파괴를 불러와 더 비참한 상황이 될 거라고요? 2004년에 노벨 평화상을 받은 왕가리 마타이는 상을 받으며 이런 말을 했습니다.

"하나님은 지구를 창조할 때 가장 마지막에 인간을 만들었습니다.

하나님은 알고 계셨습니다. 인간을 가장 먼저 만들면 화요일이나 수요일쯤 죽을 것이라는 걸 말입니다. 월, 화, 수, 목, 금요일에 뭔가를 만들어 놓지 않으면 인간은 살 수가 없었을 겁니다. 따라서 인간은 지구의 마지막 날까지 다른 생명들과 조화롭게 살 의무가 있습니다."

그가 남긴 말은 우리에게 많은 생각을 하게 합니다.

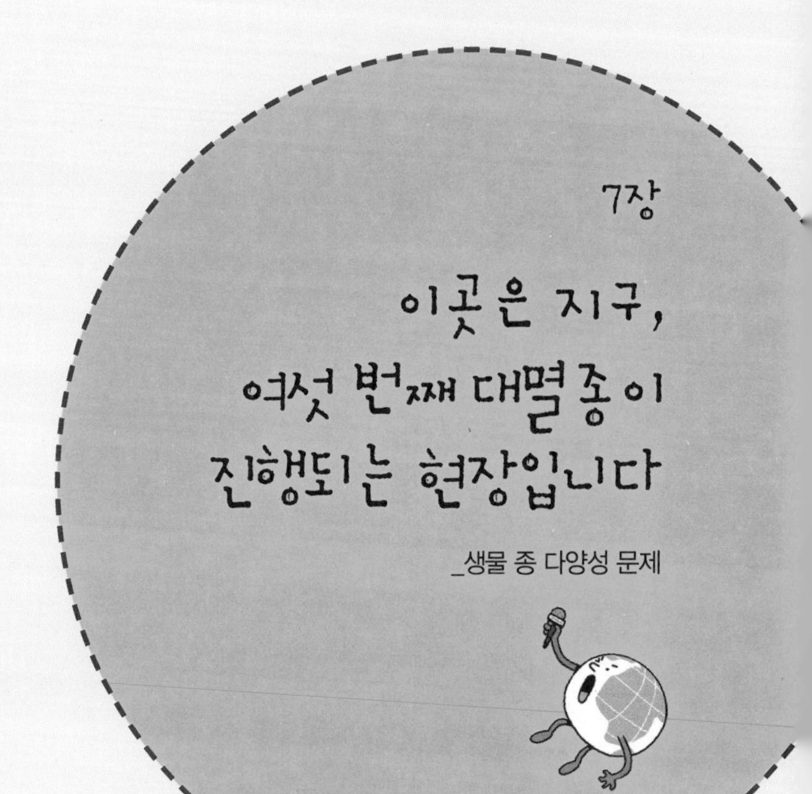

7장

이곳은 지구, 여섯 번째 대멸종이 진행되는 현장입니다

_생물 종 다양성 문제

뒤죽박죽 동화

지구가 전에 없이 더워진 어느 때였어요. 한 어부가 있었어요. 어부에게는 오래된 그물과 이가 빠진 어구 몇 개, 어부보다 더 나이가 많은 작은 목선이 한 척 있었지요. 어부는 날마다 부지런히 바다에 나가 그물을 던지고 어구를 놓아 간신히 많은 식구들을 먹여 살렸지요. 그 어부에게는 눈이 어두운 아버지와 무릎 관절 때문에 걸음이 불편하신 어머니, 언청이로 태어난 큰딸, 어릴 적 소아마비를 앓아서 다리를 저는 둘째 아들과 간신히 걸음마를 뗀 막내딸이 있었어요. 부인은 막내딸을 낳은 뒤 산욕열을 얻어 그만 세상을 떠나 버렸지요. 어부는 많이 힘들었지만 쉴 수가 없었어요. 열심히 일해야 식구들을 먹여 살릴 수 있었기 때문이지요. 여느 날처럼 어부가 바다에 고기를 잡으러 나갔어요. 그날은 봄 날씨 같지 않게 바람이 불고 이따금 눈발이 날리고 있었어요. 고기는 잡히지 않고 날은 춥고 어부는 몸을 떨다가 문득 먼저 떠난 부인이 생각 나서 한숨을 내쉬며 눈가에 스미는 눈물을 닦아 냈지요. 이건 눈물이 아니라 눈이 녹은 물이라며 약해지지 않으려고 애를 썼지요.

눈물인지 눈이 녹은 물인지를 훔쳐 내고, 던져 놓은 그물을 끌어 올렸어요. 끄응. 빈 그물이지만 물속에서 꺼낼 때는 늘 무거워요. 오히려

고기가 많이 잡혔을 때는 기뻐서 그물이 무거운 줄 모르는데 빈 그물은 더 무겁기만 해요.

"이러다 오늘은 빈손으로 돌아가겠는걸. 허허."

그때 그물에서 뭔가 파닥거리는 것이 보였어요. 낡은 그물이 찢어질 세라 조심스럽게 물고기를 떼어 냈어요. 그것은 요 몇 해 동안 눈 씻고 찾아봐도 보이지 않던 명태였어요.

"웬일이지? 바닷물의 온도가 올라가 명태가 이 바다를 떠났다고들 했는데, 다시 명태가 돌아온 건가?"

"어부 아저씨, 착한 어부 아저씨. 저를 놓아주세요."

"참 희한하네. 명태가 말을 하네."

어부는 오염 때문에 생긴 돌연변이일 거라고 생각하고 이렇게 대답을 했지요.

"나는 가난해서 너를 가지고 집에 가서 식구들을 먹여야 돼. 나를 이해해 줬으면 좋겠구나."

"어부 아저씨, 착한 어부 아저씨. 저를 놓아주세요. 저를 놓아주시면…… 사실 전 어부 아저씨께 드릴 것이 아무것도 없어요. 저는 어릴 적 열병을 앓아 지느러미가 하나 비뚤어졌어요. 부모님도 잃고 친구들도 잃어버리고 이렇게 바닷물에 쓸려 따뜻한 바다까지 오게 되었어요. 그래서 저는 아저씨께 드릴 것이 하나도 없어요. 그래도 저를 살려 주실 수 없을까요?"

어부는 죽은 아내 생각도 나고 소아마비를 앓고 있는 둘째 아들 생각도 나서 그만 명태를 놓아주고 말았어요. 집에 돌아가는 길에 개펄에서 조개라도 조금 캐어 가기로 했지요.

한편 집에서는 눈이 보이지 않는 할아버지가 다리를 건너다 그만 물에 빠졌는데 지나가던 스님이 구해 주셨지요. 그 스님은 할아버지의 처지를 딱하게 여겨 공양미 300석이면 눈을 뜰 수 있다고 말했어요. 그 이야기를 옆에서 듣고 있던 언청이 큰손녀는 중국 상인들이 처녀를 산다는 말을 들은 게 생각났지요. 그래서 공양미 300석을 받고 중국 사람의 배에 탔어요. 그리고 인당수 물에 풍덩 빠졌지요. 언청이 손녀는 얼굴을 감쌀 치마폭도 변변히 없었어요. 할머니가 한 땀 한 땀 정성껏 고쳐 준 추리닝을 입은 채 풍덩 빠졌어요. 바닷속에 들어가 보니 바다는 앞이 안 보일 정도로 뿌옇네요. 앞도 안 보이고, 용왕님은 이미 바닷속 황사라는 부영양화 현상으로 더 깊은 겨울 궁전으로 영원히 이사를 가 버려 언청이를 신부로 삼을 수도 없었고 큰 연꽃에 실어 바다 위로 보낼 수도 없었지요. 언청이는 용왕님도 못 만나고 죽는구나 했지요. 그런데 갑자기 두루뭉실하게 생긴 집채만 한 것이, 그러니까 설탕이 잔뜩 들어가 배가 두둑하게 부풀은 호떡만 한 것이 언청이를 바다 위로 밀어 올리는 거예요. 바다가 따뜻해져 갑자기 불어난 열대성 대형 해파리 떼가 마침 그 바다를 지나갔는데, 언청이가 그 무리에 쓸려 바다 위로 올라오게 된 거지요.

할아버지는 자신의 눈을 뜨게 하기 위해 중국 배에 탄 큰손녀 때문에 가슴이 아파 죽도 못 먹고 끙끙 앓고 있었지요. 공양미 300석은 온라인으로 큰절에 입금했지만, 중국산 쌀 300석 값으로 계산해 넣은 게 문제였을까요? 아직 눈은 캄캄하기만 하고, 그 돈으로 백내장 수술을 해야 하는 건데 하며 후회하고 있었지요.

한편 다리를 저는 둘째 아들은 아버지가 고기를 잡아 돌아오면 맛

있는 고깃국을 끓여 먹으려고 나무를 하러 산으로 갔어요. 다리를 절면서, 산으로 가서 솎아 벨 만한 나무를 골라 작은 손도끼를 휘두르다 그만 손도끼를 산속 호숫가에 떨어뜨리고 말았지요. 그래서 호숫가에 멍하니 서서 되는 일도 하나 없다, 우리 집은 왜 이러나 하며 한탄을 하고 있는데 수염이 긴 할아버지가 나타나더니 왜 그러냐고 물어요. 여차여차해서 여차여차하다고 말했더니 갑자기 호숫가에서 뭔가를 쑥 꺼내요. 자신이 던진 손도끼예요. 엥, 벌써 저게 나오면 안 되는데, 은도끼 금도끼 그 다음에 내 도끼가 나올 차례인데……. 그런데 수염이 긴 할아버지가 다른 손에 길쭉하고 반짝이는 물고기를 한 마리 들고 있네요. 물고기는 할딱할딱 마지막 숨을 몰아쉬고 있었어요.

"네가 던진 도끼에 이 연어가 죽는구나. 이 연어는 알을 낳기 위해서 바다에서부터 고향인 이 산속 계곡까지 간신히 왔는데, 바닷물 온도가 올라가 찬물에 사는 연어 일족은 거의 멸종되고 몇 안 남은 것 중 한 마리가 간신히 살아 예까지 와서 이제 알을 낳을 참이었는데 네가 연어의 멸종을 부추긴 셈이야."

산신령님이 무척 화를 냈어요.

"산신령님, 그만하세요. 어차피 우리는 이제 살 수 없어요. 제가 알을 낳는다고 해도 이렇게 바닷물의 온도가 올라가서 힘들어요. 제 알들은 부화도 못 하거나 부화해서 바다에 닿는다 해도 살 수 없었을 거예요. 어차피 멸종될 운명이니 저 아이를 너무 야단치지 마세요."

연어가 옳은 말만 하니 산신령님도 고개를 끄덕이며 연어를 물속에 다시 놓아주었어요. 그러더니 조금만 더 가면 죽어 가는 나무가 많다고 둘째 아들에게 알려 줬어요.

다리를 저는 둘째 아들은 수염 긴 할아버지가 알려 준 곳으로 갔어요. 그곳은 사과나무밭이었어요. 주인이 있는 과수원일 텐데 이 나무를 베어 가라고 하는 건가 싶어 다시 발길을 돌리려는데 사과나무가 한숨을 쉬며 말해요, 자신을 베어 가라고. 어차피 이제는 과실을 맺을 수가 없다고 해요. 날씨가 너무 따뜻해져서 사과나무 꽃이 빨리 핀 탓에 벌이나 나비들이 수분을 해 주지 않아 열매를 맺을 수 없다네요. 자기 동료들도 하나둘 그렇게 죽어 갔고, 과수원 주인은 건강한 씨로 싹을 틔운 종자를 트럭에 싣고 북쪽으로 이사를 간 지 오래라고 해요.

그때 나뭇잎 사이에 있던 엄지 손톱만 한 우렁이가 크게 소리를 질렀어요. 하지만 둘째 아들 귀에는 아주 작은 개미 소리만 하게 들렸지요. 우렁이는 죽어 가는 사과나무가 불쌍해서 더 이상 이곳에 있을 수 없다고 자기를 데려가 달라고 했어요. 자기는 원래 바닷가 근처에 살던 엄지공주 종족이었는데 바닷물이 점점 차올라 우렁이처럼 진화해 버렸다고, 자기를 데리고 가면 밥하고 빨래하고 다리가 아픈 할머니 대신 집안일을 하겠다고 했어요. 둘째 아들은 그게 좋겠다고 생각하고 엄지 우렁이 각시를 손바닥에 올려놓았는데 그때 어디선가 나타난 종달새가 그만 엄지 우렁이 각시를 채어 갔어요. 둘째 아들이 엄지 우렁이 각시를 내놓으라고 소리를 쳤지만 종달새는 슬프게 지지배배 지지배배 울더니 자기 아이들이 며칠째 굶고 있다고 제발 자기 사정을 봐 달라고 했어요. 기후가 변해 기온이 올라가서 알이 부화하기도 전에 애벌레들이 나무 밖으로 나와 이미 성충이 되어 날아가 버려, 뒤늦게 부화한 새끼들에게 먹일 애벌레들이 하나도 없다고 했어요. 이미 새끼 한 마리만 빼고 나머지는 다 죽어 버렸다고, 이제 하나 남은 그나마도 영양실조로 고개를 들 힘도 없다고, 제발 그 새끼를 살릴 수 있게 도와 달라고 해요. 둘째 아들은 종달새의 사정도 딱하지만 엄지 우렁이 각시를 그렇게 보낼 수는 없었어요. 손도끼를 던져 종달새를 떨어뜨려야겠다고 생각한 순간, 종달새의 남편이 날아왔어요. 마지막 남은 새끼마저 방금 하늘나라에 갔다고 했어요. 종달새는 지지배배 지지배배 슬피 울더니 엄지 우렁이 각시를 둘째 아들 손바닥에 내려놓았어요.

하늘나라에 간 종달새의 새끼는 거기서 많은 동물과 식물들을 만났답니다. 기후 변화로 하늘나라에 먼저 가 있던 동무들을 만난 거지요. 지구가 전에 없이 더워진 어느 날의 뒤죽박죽 동화였습니다.

생명이 사라지고 있다

기후가 급격하게 변하게 되면 동식물들은 나름대로 살아남을 전략을 짜고 이동을 하기 시작합니다. 철새들은 '얼리버드Early Bird', 말 그대로 일찍 떠나는 새가 됩니다. 기온이 올라가서 일찍 부화해 버리는 벌레들을 쫓아 겨울을 지냈던 곳에서 일찍 떠나는 거예요.

독일의 헬골란트 섬에는 철새가 오는 시기가 지난 47년(1960~2007년) 동안 8.6일이 빨라졌답니다. 흉내쟁이 대륙검은지빠귀가 11일, 눈에 힘 빡 주고 있는 연노랑솔새가 13일, 오렌지빛 가슴을 가진 쇠흰턱딱새와 검은다리솔새는 14일, 멧도요는 15일쯤 일찍 찾아온대요.

철새들뿐만 아니라 식물들도 살아남을 수 있는 환경에 맞는 기후를

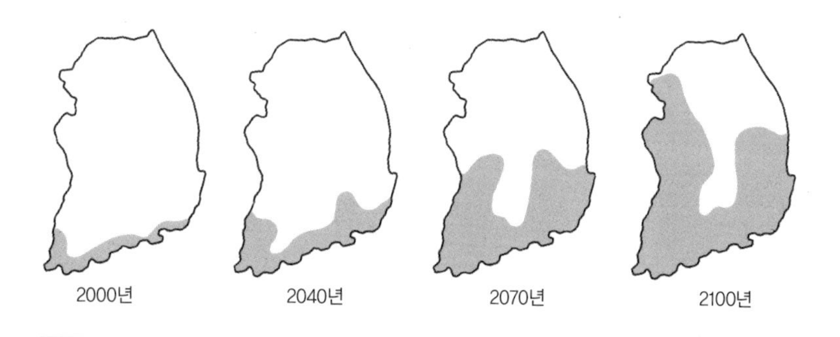

지도에 표시한 부분은 감귤 재배 가능 지역. 시간이 지날수록 한반도는 점점 아열대로 바뀌면서 극한 고온 현상과 가뭄, 호우가 번갈아 가며 빈번하게 일어날 것이다. 환경부는 제주도나 남해안 일부 지역에서만 재배되던 감귤이 앞으로 100년 안에는 대부분의 지역에서 재배할 수 있다고 전망했다.

찾아 북으로 북으로 이동합니다. 식물들이야 움직일 수 없으니 기후 조건이 맞지 않는 곳의 식물들은 죽어 버리고, 씨가 퍼질 때도 기후 조건이 맞는 북쪽으로 운반된 씨앗들만 싹이 터서 자라게 되겠지요. 그런 방식으로 식물들도 살 수 있는 기후 조건을 찾아 북으로 이동을 하는 겁니다. 그런데 처음부터 고산 지대나 북극에서 살고 있던 이들은 어떻게 해야 할까요? 더 이상 갈 곳이 없는 이들은 마치 절벽에 내몰린 꼴이 되어 버렸어요. 더 밀리면 멸종이라는 피할 수 없는 퇴장 카드를 받게 되지요. 이렇게 이미 많은 동식물들이 사라졌고 또 지금도 사라지고 있답니다. 북극곰, 라보디라포사 선인장, 표범, 바다거북, 작은이빨톱가오리, 골든파고다, 파나마황금개구리, 우리나라 산양, 하와이까마귀 알랄라, 노란 꿀먹이새, 알바트로스, 서늘한 고산 지대에만 사는 구상나무와 설앵초, 남극의 황제펭귄, 도마뱀, 산양……. 먹이사슬의 가장 바탕이 되는 식물들의 변화는 그것을 먹이로 하는 곤충이나 동물들에게도 영향을 줍니다. 생태계가 흔들흔들 어지럽겠지요.

기후 변화 때문에 전에 볼 수 없었던 새로운 생물들이 등장하기도 합니다. 참나무들을 닥치는 대로 먹어 치우는 대나무를 닮은 대벌레, 소나무의 영양분을 쪽 빨아 먹는 푸사리움 가지마름병, 일본 소나무를 괴멸시킨 재선충, 목재를 갉아 먹는 흰개미, 알 낳는 횟수가 엄청 늘어난 솔나방……. 우리나라에 살지 않았던 해충들이 새롭게 선을 보이고 있어요. 원래 아열대 지역에서만 살던 해충들인데 따뜻해진 기온을 따라 북방 한계선을 넘어온 외래종들이랍니다.

기후 변화 때문에 어떤 결과가 나올지 정확하게 이야기하는 건 지금은 불가능합니다. 기후는 한마디로 설명할 수 없을 만큼 복잡하거든요. 이렇게 변하는가 하면 또 저렇게 변하기도 합니다. 한 치 앞을 내다볼 수 없는 정도이지요. 그 변화로 인한 재앙 또한 우리가 모르는 새 갑자기 닥치고 있어요.

기후 변화 때문에 지구 온도가 1℃ 올라가면 북반구에서는 기후대가 100~150km 정도 북쪽으로 이동할 것이라고 예측해요. 고작 1℃ 올라간 건데 생태계는 대지진을 겪는 것 같지요. 생태계는 주변 변화에 무척 민감하게 반응합니다. 예를 들어서 개구리나 도롱뇽 같은 동물은 체온을 자기 스스로 유지하지 못하고 주변 환경에 따라 변하는 변온 동물이에요. 이 동물들은 햇볕을 쬐어야만 체온을 올릴 수 있어요. 반대로 기온이 높아지면 그늘에 들어가서 체온을 낮춰야 하고요. 그러니 기온이 이전보다 올라가거나 혹은 내려가면 치명적인 영향을 받겠지요. 다른 동식물들도 마찬가지인데 특히 산호초, 맹그로브 숲, 침엽수, 열대림, 남북극 지역, 고산 지역의 생태계, 초원의 습지가 기후 변화에 약하답니다.

알프스에서는 고산 식물의 서식지가 거의 4m나 산꼭대기 쪽으로 올라갔답니다. 물론 기온이 올라갔기 때문에 더 잘 자라 번식이 왕성해지는 식물들도 있어요. 하지만 전체로 보면 기온이 올라가면서 생긴 피해가 훨씬 더 클 거예요.

지금은 마치 기후와 생태계가 달리기를 하고 있는 것 같습니다. 더운 지역의 기후대가 점점 북쪽으로 확장되고 생태계의 동물과 식물은 원래 살던 서식지의 온도가 높아지니까 알맞은 환경을 찾아 북쪽으로 이동합니다. 그런데 만약에 기후대의 이동 속도가 생태계의 이동 속도를 앞지르게 된다면, 뒤처진 생태계의 동물과 식물들은 생육 조건이 맞지 않는 환경에서 몸살을 앓다 하나둘 영영 떠나게 되겠지요.

한라산에 가면 추운 곳에서 잘 자라는 구상나무가 있는데, 최근에는 구상나무가 죽은 자리에서 소나무 싹이 나오는 것을 볼 수 있어요. 소나무는 구상나무하고 다르게 따뜻한 곳에서 잘 자라는 나무예요. 고산 지대의 차가운 기온에서 잘 자라던 구상나무가 따뜻한 곳에서 자라는 소나무의 추격으로 설 자리를 잃어버리고 있습니다. 구상나무는 몸살을 앓으며 소나무에게 추격당해서 멸종할 위기에 빠져 있는 거지요.

최근 홍릉 수목원에서는 꽃들이 다들 빨리 피고 있답니다. 꽃이 피는 때가 빨라진 까닭은 기온이 그만큼 올라간 탓이지요. 물론 홍릉 수목원은 도심 속에 있어서 도심의 아스팔트와 콘크리트 건물이 뿜어내는 열 때문에 외곽 지역보다 기온이 높은 열섬 효과가 있어서 그렇겠지만, 전국적으로도 꽃들의 개화기가 빨라지고 있어요. 꽃들의 개화 시기가 곤충들의 부화 시기를 앞지르면 어떻게 될까요? 꽃들은 곤충의 활동으로 씨를 맺는데, 영영 씨를 맺지 못할 수도 있어요. 아예 꽃을 피우지 못하는 경우도 있고요. 남해안의 벚꽃들은 기온이 너무 올라가 버려 적당한 개화 시기를 놓쳐 버려서 아예 꽃을 피우지 못하는 경우도 있답니다. 뭐 아쉽지만 꽃은 안 보고 살면 그만이니 그리 큰일이 아니라고요? 그럼 우리가 주식으로 삼고 있는 벼를 살펴볼까요?

벼꽃을 본 적이 있나요? 기억을 더듬어도 잘 생각이 나지 않을 거예요. 왜냐하면 벼꽃은 꽃잎이 없어서 꽃처럼 보이지 않거든요. 꽃잎 대신 껍질이 열리면서 6개의 수술이 껍질 밖으로 삐죽 나와요. 2시간 안에 수술 6개가 차례차례 구부러지면서 키가 작은 암술에 꽃가루를 뿌려 수분이 이루어지는 거죠. 수분이 다 이루어지면 껍질이 다시 닫히고 그 안에서 벼가 단단하게 익어 갑니다. 그런데 이 시기에 온도의 영향을 가장 많이 받는대요. 그래서 이상 기온이 계속되면 수분이 이

벼꽃의 모습. 하얗게 삐죽 나온 것이 벼의 수술이다.

ⓒ 김용길

루어지지 않아 열매를 잘 맺지 못합니다.

물론 우리보다 더운 아열대 지역에서도 벼는 잘 자라지요. 하지만 아열대 지역의 벼는 우리나라 벼와는 달리 찰기가 없어 밥을 해도 푸슬푸슬해요. 우리나라 쌀은 자포니카 종인데 녹말의 성분 가운데 아밀로스가 적어 밥이 찰지거든요. 기름이 잘잘 흐르고 찰진 우리나라 벼 품종인 자포니카 종은 온도가 너무 높으면 수분도 잘 이루어지지 않고 이삭이 잘 여물지도 않는답니다.

기후 변화로 아름다운 꽃만 못 보는 게 아니라 우리가 먹고사는 데도 큰 문제가 생기는 거예요.

과일도 마찬가지예요. 예전에는 달고 맛있는 사과 하면 충청도 예산 사과를 손꼽았어요. 그런데 이제 그 말은 옛말이 되었어요. 사과는 강원도 사과가 맛있답니다. 일교차가 큰 강원도 사과가 단단하고 달다고 해요. 예전에 강원도에서는 온도가 낮아 과일나무가 얼어 죽었는데 이제는 날씨가 따뜻하고 낮과 밤의 일교차가 커서 사과가 맛있다는 거예요.

달고 맛있는 과일의 맛은 어떻게 결정되는 것일까요? 밤과 낮의 기온 차이가 큰 지역의 과일이 달고 열매살도 단단해요. 왜 그럴까요?

과일의 단맛을 결정하는 것은 광합성으로 만들어지는 포도당입니다. 낮 동안 햇볕을 받아 활발하게 광합성 공장을 움직여 포도당을 양껏 만들어 녹말로 축적해 둡니다. 밤이 되면 기온이 뚝 떨어져 과일들은 모든 생명 활동을 아주 최소한으로만 합니다. 그러니까 에너지 사용량이 적어지는 것이지요. 과일들이 밤에 쓰는 에너지는 낮 동안 생산한 녹말에서 나와요. 일교차가 큰 지역에서는 낮 동안 만든 양분을 많이 쓰지 않고 저장해 두는 거지요. 게다가 기온이 낮아 과일이 익어 가는 시간이 길어져서 당도가 높아집니다. 이런 이유 때문에 기후 변화 이전에 남부 지방에 있었던 과일나무가 북으로 이사를 가게 되는 거예요.

하얗게 질려 죽어 가는 산호

꽃이 피었습니다. 바다에 꽃이 피었습니다. 바다에 있는 꽃밭을 본 적이 있나요? 세상 어디에도 이렇게 화려한 꽃밭은 없을 거예요. 주로 적도 부근의 따뜻하고 얕은 지역에 활짝 피어 있는 꽃밭의 주인공은 산호입니다. 적도 부근의 열대 바다는 플랑크톤이 풍부하지 않기 때문에 생물들이 살기에 적당한 환경은 아니에요. 그런데 이 산호 꽃밭 둘레에서는 환상적인 열대어들과 아름다운 열대 해양 생물들을 볼 수 있어요. 산호가 만들어 내는 생명의 에너지가 열대 해역을 살아 있는 생물들의 아름다운 무도회장으로 만드는 것이지요.

그런데 산호는 진짜 꽃일까요? 산호는 꽃처럼 보이지만 사실은 말미잘이나 해파리 같은 동물이에요. 산호는 해양 생물의 비빔밥이라고 할 수 있어요. 500종이 넘는 작은 개체들이 모여 큰 무리를 만들어 함께 살아가고 있거든요. 또 산호는 살아 있는 동물로만 이루어져 있는 게 아니에요. 산호는 죽은 산호의 골격 위에 새로운 골격을 만들고, 죽으면 또 그 위에 다시 만들고……. 오랜 세월 동안 산호의 거대한 무덤 위에 새로운 골격을 만들면서 살아가고 있답니다. 그러니까 우리가 산호 혹은 산호초라고 하는 것은 살았거나 또는 살아 있는 여러 생물들의 강하고 단단한 덩어리예요. 합체 로봇 같은 거지요.

산호는 아주 딱딱한 실 모양의 분필 같은 탄산칼슘을 분비해서 골격을 만들고 골격이 모여 산호초를 만들지요. 딱딱한 골격 안에는 산호들이 살고 있는데 말미잘한테 있는 촉수 같은 것을 가지고 있습니다. 산호초 근처를 오가는 생물들이 촉수에 닿으면 잡아먹는 거지요. 움직이지 못하는 산호는 낮에는 골격 안에서 숨어 지냅니다. 그러다 해가 지고 밤이 되면 촉수로 먹잇감을 잡아먹습니다.

하지만 먹이를 기다리기만 하면 영양 상태가 좋을 수 없겠지요. 산호는 부족한 영양을 '절친'인 플랑크톤한테서 얻습니다. 산호의 절친 플랑크톤은 아예 산호 몸속에 들어가서 살고 있어요. 광합성을 하는 플랑크톤은 열대의 맑은 바다에서 충분하게 햇빛을 얻어요. 산호가 호흡하면서 내놓은 이산화탄소까지 이용해서 광합성을 하지요. 그리고 광합성으로 만들어 낸 탄수화물을 산호에게 나눠 준답니다. 그래서 산호는 자기가 직접 섭취하는 영양보다 플랑크톤한테서 얻는 영양분이 더 많답니다. 98%나 얻어먹고 산답니다. 산호는 왜 꽃처럼 아름다운 색을 띠고 있을까요? 산호의 아름다운 색은 절친인 플랑크톤의 색이에요. 원래 산호는 분필 같은 밋밋한 흰색이래요.

산호 몸속에서 살고 있는 플랑크톤은 산호에게 어떤 도움을 받을까요? 플랑크톤은 산호 몸속에 살기 때문에 잡아먹힐 걱정 없이 안전하게 살 수 있어요. 또 열대 바다는 플랑크톤에게 꼭 필요한 질소나 인 같은 영양 성분들이 부족해요. 육지 식물들이 토양에서 질소나 인을 얻는 것처럼 바닷속 식물들도 이런 영양염을 흡수해야 잘 자랄 수 있어요. 그런데 산호가 먹이를 먹고 소화를 시킨 뒤 배설하는 물질에 영양염이 풍부하게 들어 있어요. 이걸 얻어먹고 산답니다. 산호의 골격 내부에서 나오는 물질이 버려지지 않고 쓸모 있게 쓰이고 있습니다. 이 둘은 서로 상부상조하면서 잘 살고 있는 거지요. 그래서 산호는 아주 빠르게 자란답니다. 그렇다면 왜 산호가 열대의 맑고 깨끗하고 얕은 바다에서만 사는지 그 이유를 알 수 있겠지요? 바로 절친 플랑크톤의 광합성을 위해서 햇볕이 잘 드는 곳에 사는 거랍니다.

하지만 산호도 기후 변화에 적응하기가 힘듭니다. 수온이 비정상적으로 올라가면 절친 플랑크톤은 더 이상 광합성을 할 수 없게 돼요. 그러니 영양분을 나누어 줄 수 없는 상황이 생기는 거죠. 산호는 아무런 도움이 되지 않고 영양 성분만 빼앗아 가는 플랑크톤을 뱉어 버릴 수밖에 없습니다. 플랑크톤을 뱉어 버리면 산호는 원래의 색인 흰색으로 돌아가면서, 영양실조에 걸려 천천히 죽어 가요. 하얗게 변해 가는 것을 백화 현상이라고 합니다. 산호의 백화 현상이 지금 열대 바다 곳곳에서 일어나고 있답니다.

산호초는 지구에서 가장 다양한 생물들이 어울려 살고 있는 곳이에요. 어떤 것들은 900만 가지나 모여 산대요. 우리가 알고 있는 어류의 1/4이 산호초에 기대서 살고 있다고 보면 돼요. 산호가 죽는다는 것은 산호를 집으로 여기고, 산호에서 먹잇감을 사냥하고, 산호에서 산란을 하고 부화를 하는 열대 해역의 모든 생명체들이 위험해진다는 이야기예요. 산호라는 거대한 빌딩이 무너진다는 비상 경고등이 울리고, 빌딩 안에 세 들어 살던 생명들은 허둥지둥 빌딩을 떠나야 하는 거지요. 그래서 산호가 사라지면 물고기들과 바닷새마저 사라지게 된답니다. 레이첼 카슨은 1962년에 쓴 《침묵의 봄》에서 중금속 농약인 DDT를 마구 뿌리면 DDT가 먹이 사슬을 따라 축적되어 종달새를 죽게 만들어 다음 해 봄에는 아름다운 노래를 부르는 종달새를 볼 수 없다고 했어요. 마찬가지로 기온이 올라가면 해수의 온도가 올라가고, 그러면 산호가 하얗게 죽어 버리고, 어류들도 죽어 버려요. 결국에는 바닷새들이 사라지는 거지요.

기후 변화와 물고기

우리나라 주변의 바다 온도가 최근 80년 동안 0.6℃~0.9℃ 올라가고 있어요. 그래서 어장이 북쪽으로 이동하고 있지요. 수온은 바다에 사는 생물들에게 가장 큰 영향을 끼칩니다. 베링 해는 알래스카와 러시아 사이에 화산섬들이 활처럼 휘어 경계를 만들고 있는 차가운 북쪽 바다예요. 베링 해에는 가자미가 많이 살았는데 1980년부터는 대구가 많아졌답니다. 이제 시장 어물전에 나와 있는 대구는 우리나라에서 잡은 게 아니에요. 몽땅 러시아에서 잡아온 거예요. 우리나라 동해안에서 살던 대구가 차가운 물을 찾아 북쪽으로 이동한 거지요.

뽀얀 국물에 계란 탁, 파 송송 썰어 넣어 후루룩 마시던 북어국의 북어는 명태의 다른 이름이에요. 명태는 이름이 많아요. 꽁꽁 얼렸다 동태, 바짝 말렸다 북어, 갓 잡아 생생한 생태, 얼었다 녹았다를 반복해서 비싼 황태, 꾸들꾸들 반만 말린 코다리. 이렇게 이름이 많다는 것은 우리나라 사람들이 다양한 방법으로 즐겨 먹었다는 이야기예요.

하긴 그래도, 정어리 녀석들이 저렇게 흘린 칠칠 맞지 못하게 흘린 비늘 덕분에 400년 전 정어리 수도 알 수 있는 거니까 쩝…….
내가 진짜, 쟤네들 비늘 흘리고 다니는데 미치겠다니까. 앞이 안 보여 앞이! 이거 봐! 스트레스 때문에 대머리 됐잖아~!!

부자나 가난한 사람이나 다 즐겨 먹었다는 것은 그만큼 흔한 생선이라는 이야기겠지요. 명태는 차가운 물에 사는 고기로 동해안에서 잡히던 우리나라 대표 물고기였습니다. 그런데 이들은 이제 강원도에서도 훨씬 북쪽으로 가야만 볼 수 있답니다.

기후 변화와 물고기는 어떤 관계가 있을까요? 뒤에 나오는 그래프는 400년 동안 일본 해역에 나타난 정어리의 수와 기온의 변화 사이에 어떤 관계가 있었는지 기록한 것입니다.

도대체 이런 그래프는 어떻게 얻는 걸까요? 법의학 드라마에서 흔히 이런 말을 하죠. "범행은 흔적을 남긴다. 흔적을 찾아라." 정어리 어획량의 변화 곡선도 이런 흔적을 찾아서 구한 거예요. 어떤 흔적이었을까요?

물고기는 비늘로 빼곡히 덮여 있습니다. 물속에서 사는 물고기들은 비늘을 갑옷처럼 입고 있어 몸속의 물이 몸 밖으로 나가는 것을 막고 또 외부의 물이 몸 안으로 들어오는 것을 막습니다. 소리를 듣는 청각 기능과 세균의 침투를 막는 기능도 한답니다. 비늘은 한번 생기면 잘 떨어지지 않고 계속 자라서 나무의 나이테 같은 줄무늬를 만들어요. 그런데 물고기마다 비늘의 모양과 붙어 있는 정도가 달라요. 가자미처럼 몸속에 파묻혀 있는 비늘이 있는가 하면, 정어리 비늘처럼 툭 건드리기만 해도 쉽게 떨어지는 것도 있지요. 그래서 기후 변화에 따른 어류의 개체 수를 연구할 때 흔적을 많이 남기는 정어리의 비늘을 가지고 연구를 한답니다. 개체 수가 많아지면 그만큼 비늘이 많이 떨어져 해저 바닥에 쌓이게 되겠지요. 그런데 해저 지층에 비늘이 묻히고, 거기에 산소가 거의 없었다면 비늘은 썩지 않은 채 오랫동안 보관이 되었겠지요. 해저 바닥에 묻힌 썩지 않은 정어리 비늘 수를 세어서 전체 정어리 수를 조사하는 거예요.

자, 다시 본론으로 돌아가야죠. 본격적으로 지구가 더워지기 전에도 전체 정어리 수는 기온의 변화에 따라 주기적으로 변화하고 있습니다. 그린란드의 얼음으로 알아낸 지구의 온도 변화와 정어리 수의 변화를 비교해 보면, 기온이 낮을 때 정어리가 적게 잡혔고, 기온이 높을 때는 많이 잡혔어요. 온도에 따라 정어리 수가 늘어났다, 줄었다 반복하는 것을 알 수 있지요. 또 이런 정어리 수의 변화에 따라 어촌 마을이 폐허가 되기도 하고 부흥하기도 했답니다. 그러니까 기후에 따라 바다의 생태계도 변화를 겪고, 생태계의 변화에 따라 인간들의 삶도 많은 변화를 겪게 된 거지요.

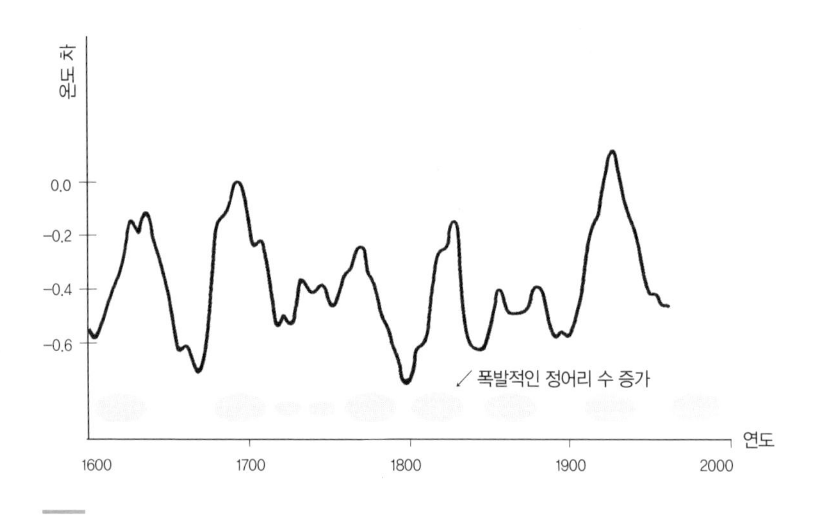

400년 동안 주기적으로 변해 온 기온과 일본 바다의 정어리의 수. 정어리는 지구가 추웠을 때는 자취를 감추고, 기온이 높았던 때는 폭발적으로 수가 증가했다.

그럼 지금 우리나라 바다에는 주로 무엇이 있을까요? 예전에는 좀 더 따뜻한 물에서 살았던 남쪽 바다의 물고기와 바다 생물들이 이제 우리나라 바다의 주인이 되었답니다. 고등어와 멸치가 많이 잡히고 있어요. 뿐만 아니라 따뜻한 바닷물을 따라 등장한 대형 해파리 떼, 우리나라에서는 거의 볼 수 없었던 길이가 5m나 되는 초대형 가오리, 인도양에서 살던 보라문어가 등장했습니다. 우리 눈에는 보이지 않지만 바다는 온도 상승으로 난리를 치르고 있어요.

온도가 상승하고 해류가 변화하니까 가장 직접적으로 영향을 받는 플랑크톤의 종류가 바뀌고, 그 먹잇감을 따라 열대와 아열대에 살던 어종들이 우리나라로 밀려오고, 우리나라에 살던 어종들은 따뜻한 물에 밀려 북으로 북으로 쫓겨 갑니다. 물론 이동할 수 없는 바다 생물들은 최후를 맞게 됩니다.

멸종은 왜 위험할까?

개구리를 예로 들어 볼게요. 최근에 양서류의 숫자가 줄어들고 있어요. 32%나 사라졌다고도 해요. 만약 개구리 같은 양서류가 계속 줄어들어 거의 볼 수 없는 멸종 위험 상태가 된다면 어떤 일이 벌어질까요? 심장병 환자의 사망률이 증가하고, 피부과 병원에는 사람들이 몰려들고, 조류는 줄어들고, 곤충은 늘어날 거예요.

개구리는 인간에게 필요한 의약품의 원료이기도 해요. 심장병, 화상 치료제, 진통제, 항생제 만드는 데 쓰여요. 개구리가 사라지면 심장병 약값이 올라가게 되고 그러면 심장병 환자의 사망률이 증가하게 되겠지요. 또 개구리는 모기 애벌레를 먹고살아요. 모기 애벌레를 먹는 개구리가 멸종되면 모기가 기승을 부리겠지요. 그러면 모기 때문에 피부병 환자가 늘어나겠지요. 개구리는 물고기의 먹이가 되기도 하고 육상 동물의 먹이가 되기도 해요. 물고기를 먹고사는 조류가 피해를 입겠지요. 조류 수가 줄어들면 천적이 없어진 곤충들이 늘어날 거예요. 개구리가 사라지면 개구리와 연결되어 있는 많은 집단들이 어려움을 겪는 거지요.

개구리뿐만 아니라 생태계 안의 다른 생물들도 복잡하고 정교하게 얽혀 있는 연결 고리에서 자기가 할 일을 하고 있는 겁니다. 생태계 안에서 한 종이 멸종하면 전체 생태계가 위험에 빠질 수 있습니다. 당연히 우리 인간도 그 영향에서 벗어날 수 없겠지요.

눈신토끼와 스라소니의 관계도 마치 숨바꼭질 같아요. 눈신토끼가 늘어나자 눈신토끼를 잡아먹고 사는 스라소니 수가 늘어나고, 스라소니의 수가 늘어나자 잡아먹히는 눈신토끼 수가 줄어들고, 다시 먹잇감인 눈신토끼 수가 줄어들자 스라소니 수도 따라서 줄어들지요. 눈신토끼와 스라소니 관계처럼 지구 생태계 안의 모든 생명체들은 서로서로 깊이 얽혀 있습니다.

생태계 안에서뿐만 아니라 환경에 영향을 주는 다른 외부 원인하고도 서로서로 연결되어 있습니다. 일본 사람들은 생선 초밥을 좋아하지요. 그런데 이 초밥이 아프리카의 지하수를 마르게 한답니다. 어떻게 그런 일이 생길 수 있느냐고요? 우리는 꼬리에 꼬리를 물고 연결되어 있기 때문이지요.

일본 어부들은 현대식 장비로 초밥에 쓰일 물고기들을 잡아들이지요. 아프리카 모리타니 해안 지역의 가난한 어부들은 첨단 장비를 갖춘 일본 어부들을 따라갈 수 없습니다. 그들은 어업을 포기하고 농사를 짓기 시작합니다. 아프리카 사람들은 물고기를 잡아 단백질을 섭취했는데 이제 그럴 수가 없게 되었어요. 부족한 단백질을 얻기 위해 가축을 더 많이 기를 수밖에 없습니다. 가축은 바다에 사는 물고기보다 물이 더 많이 필요합니다. 밭에서 자라나는 작물도 마찬가지고요. 그래서 아프리카의 지하수가 점점 더 말라 가고 있습니다. 일본의 생선 초밥이 아프리카의 지하수를 마르게 한 것이지요.

생물들이 다양하게 살아 있는 게 왜 그렇게 중요할까?

생태계가 건강한지 아닌지 가늠할 때 그 기준으로 '생물 다양성'을 이야기합니다. 습지, 고산, 사막, 해양 생태계…… 이렇게 다양한 생태계와 헤아릴 수 없는 많은 종류의 생물들. 생물 다양성이라는 말은 그들이 특정 지역에 정착해 진화하면서 고유하게 갖게 된 유전자의 다양성들도 모두 포함한 말이에요. 생태계를 이루는 생물 종이 다양할수록 생태계는 환경 변화에 잘 적응할 수 있어요.

작은 숲이 있었는데, 그 숲에는 추위에 약한 나무와 추위에 강한 나무가 함께 살고 있었어요. 어느 해 갑자기 추위가 찾아와 추위에 약한 나무가 거의 죽어 버렸어요. 하지만 추위에 강한 나무가 살아 있어서 숲이 파괴되지 않았답니다. 숲이 그대로 살아 있으니까 거의 사라졌던 추위에 약한 나무도 다시 그 숲에서 수를 늘려 번식할 수 있어요.

생물 종의 다양성이 왜 중요한지 아주 단순화시켜서 생각해 본 이야기예요. 다양성은 강하고 안정적인 생태계를 유지시켜 주는 열쇠랍니다.

또 다양한 생물 종은 인간의 건강에도 중요한 영향을 끼칩니다. 우리가 쓰는 의약품은 대부분 자연에서 얻은 거예요. 버드나무에서 아스피린이 나왔고, 주목나무 껍질에서 항암제의 신기원이라고 하는 택솔이 개발되었지요.

기후 변화로 북극곰이 멸종될 위기에 처해 있어요. 북극곰은 앞으로 인간에게 상당한 의약품을 제공할 수도 있어요. 예를 들어 북극곰은 1년의 반을 꼼짝도 안 하고 겨울잠을 자는데도 관절에 이상이 안 생겨요. 북극곰은 겨울잠을 자는 동안에도 새롭게 뼈를 만들어 낼 수 있다고 해요. 이런 북극곰의 생리를 연구하면 골다공증을 치료하는 좋은 약을 개발할 수도 있을 거예요. 마찬가지로 겨울잠 자는 동안 소변을 한 번도 보지 않는 원리를 연구해서 신장병 치료제를 만들 수도 있지요. 겨울잠을 자기 전에 엄청난 양을 한꺼번에 먹어도 비만이나 당뇨에 걸리지 않는 원리를 연구하면 당뇨병 치료제를 개발할 수도 있겠지요.

안타깝게도 이미 멸종해 버려 연구를 할 수 없는 것들도 있어요. 호주에 있는 개구리 가운데 어떤 것은 알을 위장에다 낳아요. 위장의 소화 효소를 막아 주는 독특한 물질이 이 개구리 알에게 있는 거겠지요. 만약 이것을 연구한다면 효과 좋은 위장병 치료제를 만들 수도 있었을 거예요. 문화재를 보호하듯 생태계에 있는 이런 다양한 유전자도 문화재처럼 보호해야 하지 않을까요?

과거 지질 시대를 통틀어 5번의 대멸종 사건이 있었어요. 고생대에 3번, 중생대에 2번 있었고, 제일 마지막 사건이 중생대 백악기 때 공룡의 멸종 사건입니다.

지질 시대에 멸종이 생긴 가장 큰 원인은 환경의 변화였어요. 빙하기 때 해수면의 수위가 낮아져 바닷속 생물들이 대량으로 멸종하거나, 대륙의 이동으로 서식처의 위도가 변하거나 서식처가 파괴된 경우, 혹은 우주에서 대형 운석이 떨어져 멸종하거나 여러 가지 환경 변화가 원인이었어요.

세계자연보호기금WWF은 '살아 있는 지구 지수' 캠페인을 통해 전 세계에서 4,000종쯤 되는 조류, 포유류, 파충류, 양서류의 생태를 추적하고 있어요. 이 조사 결과를 보면 1970년부터 2007년 사이에 육상 생물은 25%, 해양 생물은 28%, 담수 생물은 29% 줄어들었습니다. 바닷새 종류는 1990년대 중반부터 지금까지 30%나 줄어들었다고 해요. 지구의 건강을 가늠할 수 있는 기준인 생물 다양성이 1/3이나 줄어든 거예요. 과학자들 가운데 일부는 이와 같이 동식물과 곤충이 많이 사라지고 있는 현상을 6번째 대멸종의 시작으로 보기도 합니다.

미국 캘리포니아대학의 안토니 바르노스키 교수는 "멸종 위기의 종이 아예 멸종되어 버리면 빠르면 300년 안에 대멸종이란 큰 재앙이 닥칠 수 있다"고 〈네이처〉에 발표했어요. 그런데 특이한 것은 가난한 나라에서 생물의 멸종 현상이 더 많이 나타난다는 거예요. 이미 지나치게 개발한 부유한 국가에서는 천연자원이 필요한 만큼 많이 남아 있지도 않고 가격도 비쌉니다. 그래서 필요한 대부분의 자원을 값이

세계자연보호기금WWF에서 벌인 환경 캠페인 사진. 기후 변화로 환경이 파괴되면 언젠가 인간도 변종되거나 멸종될 수 있다는 것을 경고한다. WWF는 자연을 보호하기 위한 국제 비정부 기구로 세계 최대의 환경 단체이다. 지구의 온난화와 각종 오염을 막고 모든 생물을 보호하기 위해 활동한다.

싼 저개발 국가에서 수입해서 쓰고 있어요. 가난한 나라에서는 자원을 수출하기 위해 환경 파괴를 무릅쓰고 천연자원을 개발해 수출합니다. 마구잡이로 자원을 개발해 수출하는 탓에 저개발 국가의 생물 종의 다양성은 60%까지 줄어들었답니다.

혹시 말이에요, 이렇게 멸종을 거듭하다 사람들도 멸종 위기를 겪는 건 아닐지…….

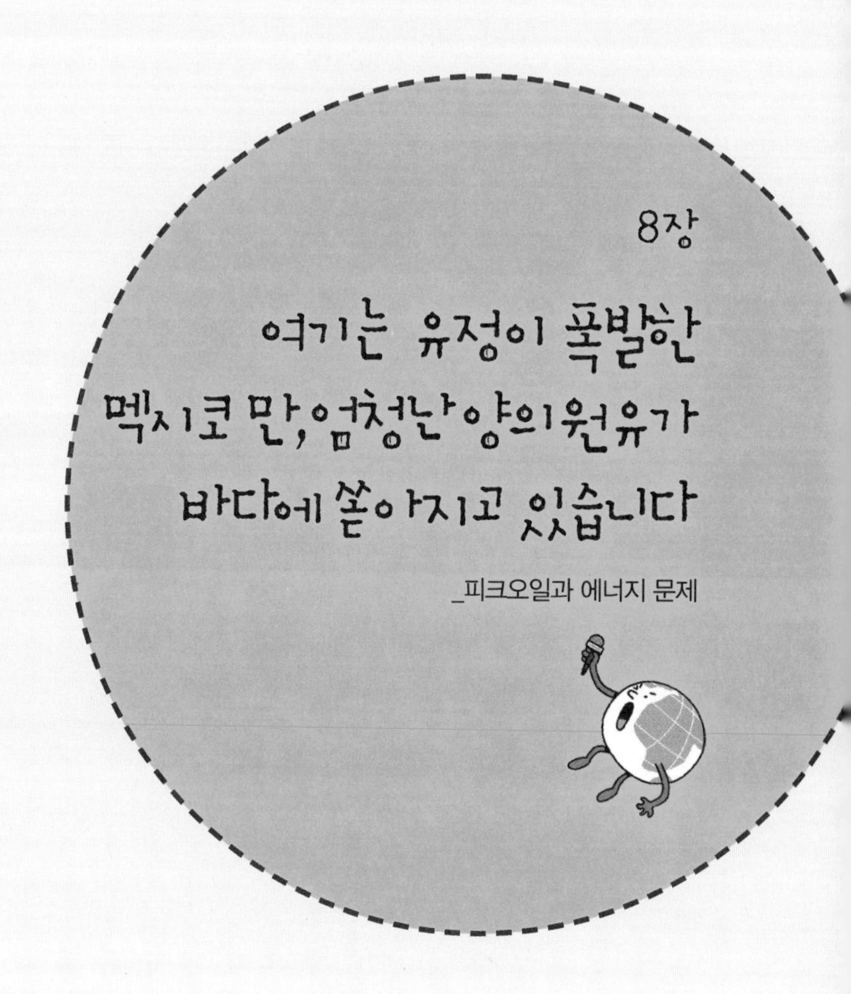

8장

여기는 유정이 폭발한 멕시코 만, 엄청난 양의 원유가 바다에 쏟아지고 있습니다

_피크오일과 에너지 문제

원숭이 꽃신, 인류에게 석유는 무엇일까?

원숭이들이 살고 있는 원숭이 숲 속 나라에 오소리 신발 장사꾼이 찾아왔어요. 원숭이들은 맨발로 다니니까 아무도 신발을 사지 않았어요. 꾀를 낸 오소리는 신발을 돈도 안 받고 원숭이들에게 선물했지요. 원숭이들은 공짜로 얻었다며 좋다고 신발을 신기 시작했어요. 그러다 선물 받은 신발이 다 닳아서 신을 수 없게 되었지요. 원숭이들은 신발을 벗어 버리고 옛날처럼 맨발로 다니려고 했어요. 그런데 발이 너무 아파서 걸을 수가 없는 거예요. 신발을 신고 다니는 동안 두껍고 단단한 발바닥의 굳은살이 다 없어져 버린 거예요. 할 수 없이 원숭이들은 오소리 신발 장사꾼에게 찾아갔지요. "신발을 하나만 더 얻을 수 있을까요?" 그러자 오소리는 이렇게 말했어요. "신발은 많아요. 하지만 이제부터 그냥은 줄 수 없어요. 돈을 내야만 신발을 가져갈 수 있어요."

어떻게 되었을까요? 오소리 신발 장사꾼은 돈을 무척 많이 벌었고 원숭이들은 그 뒤로 계속 오소리에게 신발을 사야 했대요.

생각해 볼 만한 동화지요. 그런데 이 뒷이야기가 어떻게 되는지 궁금하지 않나요?

오소리는 돈을 많이 벌었는데, 가죽을 값싸게 많이 얻을 수 있는 방법만 생각하느라 가죽을 제공하는 소들을 제대로 보살펴 주지 않고 함부로 키웠어요. 소들은 병이 들어 점점 줄어들기 시작했어요. 이렇게 줄어들다가는 나중에는 800켤레 정도밖에 만들 수 없을 거라고 했어요. 800켤레면 원숭이들이 40년 정도 신을 수 있는 양이에요. '뭐, 40년 정도면.' 오소리나 원숭이들은 그렇게 생각했지요. 하지만 소들이 조금씩 줄어들자 큰일이 생기기 시작했어요. 날마다 만들 수 있는 신발의 양도 줄어들기 시작했어요. 그런데 그동안 원숭이 숲 속 나라에 아기 원숭이들이 태어나서 신발은 더 많이 필요했어요. 게다가 신발을 신지 않던 이웃 나라에도 신발 신는 유행이 퍼져서 신발을 따라 신기 시작했거든요. 이제 신발값은 자꾸만 올라가고, 신발을 먼저 차지하기 위해 원숭이들은 서로 싸우기 시작했지요. 신발을 사지 못하는 가난한 원숭이들은 발에 병이 나서 먹이도 구하지 못하고 굶주림에 시달리다 죽어 갔어요. 급기야 원숭이들은 오소리네 공장에 쳐들어가기로 모의를 했답니다. 전쟁이, 전쟁이 시작된 거지요.

"뭐, 40년 정도면."

"아악! 두두두…… 컹컹, 깨갱……."

그리고 아무 소리도 들리지 않았답니다.

※ 정휘창이 쓴 동화《원숭이 꽃신》내용을 각색해 보았다.

기후 변화의 종결자, 에너지 문제

《원숭이 꽃신》은 원숭이 사회를 통해 지나치게 문명에 의존하고 있는 인간의 모습을 보여 주고 있어요. 꽃신은 문명을 상징하는 것이지요. 문명을 일으킨 근본 힘은 무엇일까요? 바로 에너지입니다. 인류 문명이 꽃피는 데 결정적인 구실을 한 것은 산업 혁명이었고, 산업 혁명 때 석탄이나 석유 같은 화석 연료로 움직이는 엔진을 개발했습니다. 자, 예쁜 꽃신인 화석 연료는 무한정 쓸 수 있는 것인가요?

기후 변화 이야기를 하면서 에너지 문제를 안 짚고 그냥 넘어갈 수 없지요. 왜냐하면 에너지 문제는 기후 변화를 일으킨 시작점이면서 기후 변화 문제를 해결할 수 있는 종결자이기 때문입니다.

2010년 멕시코 만의 바다에서 석유를 얻기 위해 구멍을 뚫던 시추선이 폭파한 일이 있었습니다. 그때 엄청난 기름이 바다로 뿜어져 나왔지요. 기름이 쏟아져 나오던 유정의 구멍을 막는 데만 90일이 걸렸답니다. 도저히 상상할 수 없는 큰 사고였어요.

우리나라도 태안에서 유조선이 충돌하는 사고가 일어나서 원유가 쏟아져 나온 적이 있지요. 기름을 뒤집어쓴 바위를 손으로 닦으면서 뼈저리게 반성했습니다. 석유 없이는 아무것도 하지 못할 만큼 석유에 기대서 살고 있는 생활 태도가 이런 끔찍한 재앙을 불러온 것이라고 생각했답니다. 그런데 2010년 멕시코 만에서 기름이 새 나간 사고에 견주면 태안의 사고는 흔히 말하는 새 발의 피라고 할 수 있어요. 태안에서 유출된 기름은 전체 양이 78배럴이었는데, 멕시코 만에서 유출된 기름은 단 하루 동안 5,000배럴이었거든요. 〈사이언스〉에 실린 논문을 보면 멕시코 만에서 유출된 기름은 바닷새 2,200마리와 바다거북 500마리를 급사시키고 어패류 들에 스며들어 30년 이상 생태계의 먹이 사슬 속에 축적되면서 다른 생명체의 목숨을 위협할 것이라고 합니다.

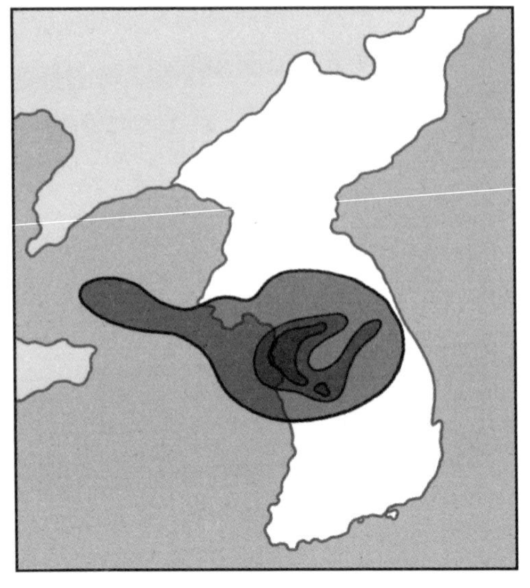

2010년 멕시코 만에서 일어난 원유 유출 사고는 그 피해 범위가 워낙 커서 복구하는데 천문학적인 시간과 노력이 필요하다. 우리나라 서해안에서 일어났다고 가정했을 때 피해 범위를 재현해 보았다.
출처
http://www.ifitweremyhome.com

멕시코 만의 유정은 바다 깊은 곳에 있었어요. 석유를 얻기 위해 시추 장비가 뚫고 들어간 깊이가 5,400m나 돼요. 귀신고기는 바다 깊숙한 데서만 사는데 그 고기가 사는 곳보다 훨씬 더 아래까지 내려간 거예요. 도대체 왜 그렇게 깊은 곳까지 장비를 내려 보낸 걸까요? 그만큼 석유를 구하기가 어려워졌다는 이야기지요. 손쉽게 파내서 쓸 수 있는 곳에 석유가 충분히 있다면 그렇게 무리해서 바다 깊은 곳까지 장비를 내려 보내지는 않았을 거예요. 아무리 그곳에 석유가 많다고 하더라도 그만큼 기름을 파내는 데 드는 비용도 많이 드니까요. 멕시코 만의 유정의 깊이는 우리가 쓸 수 있는 기름의 양이 줄어들고 있다는 것을 이야기하는 것이지요.

이제 원숭이의 꽃신을 우리가 쓰고 있는 석유로 바꿔서 생각해 볼까요? 석유를 쓰기 시작하면서 난방도 석유로 하고, 전기도 석유로 만들고, 비료도, 옷도, 볼펜도 화장품까지 석유로 만들기 시작했지요. 그리고 석유를 원료로 쓰지 않는 경우도 물건을 만들기 위해 기계를 돌리려면 석유가 필요하게 되었어요. 게다가 사람들은 점점 더 편한 생활을 원하게 되었습니다. 옛날에는 에너지를 쓰지 않고 손으로 직접 했던 일들도 에너지를 쓰는 기계의 힘을 빌리게 되었어요. 옛날에는 연필을 칼로 깎아 썼어요. 하지만 최근에는 칼로 연필을 깎는 경우는 드물어요. 다들 전동 연필 깎기를 쓰거나 아니면 아예 샤프펜슬을 씁니다. 그러다 보니 에너지가 많이 필요하게 되고, 석유도 점점 더 많이 쓰게 됐어요.

과거에는 석유를 그렇게 많이 쓰지 않았던 중국 같은 나라들도 산업이 발전하면서 석유를 많이 쓰게 되었지요. 그리고 에너지를 쓰는 인구도 많이 늘었답니다. 그런데 석유는 태양 에너지처럼 무한정 만들어지는 에너지 자원이 아니잖아요. 삼성 석유 연구소에서는 석유를 계속 뽑아 쓸 수 있는 기간을 발표했는데 2002년을 기준으로 했을 때 40.6년이라고 했어요. 여러분 나이가 13세라면 41년 뒤에는 54세니까 그나마 다행이라고요? 정말 그럴까요?

사람들은 보통 석유 매장량이 얼마나 남아 있는지에 더 많은 관심을 가지고 있어요. 그런데 쓸 수 있는 양이 얼마나 남아 있는지 따지는 것은 잘못된 생각이며, 석유 생산량이 감소하는 시점, 즉 피크오일이 언제인가를 따지는 것이 더 중요하다고 주장하는 과학자들이 있답니다.

세계에서 가장 큰 40개 유전 가운데 하나가 텍사스 동부에 있어요. 사람들은 1930년에 이 지대를 발견했고 몇 년이 지난 뒤 석유 생산량이 최고였지요. 그런데 1년 생산량이 최고 1조 6천만 배럴로 일정했는데 1936년부터는 줄어들기 시작했대요. 왜 생산이 줄어들었을까요? 석유는 물통 속의 물처럼 저장되어 있는 것이 아니라, 땅속의 작은 토양 알갱이 사이사이에 스며 있어요. 마치 스펀지에 스며든 물처럼요. 그러니까 맨 처음 유전을 발견하고 구멍을 뚫으면 그동안 스펀지에 넘치도록 차 있던 석유가 분수처럼 솟구치겠지요. 하지만 시간이 지나면 점점 압력이 줄어들어 나오는 석유의 양이 줄어듭니다. 그래서 오래된 유전에서는 땅속으로 뜨거운 증기나 비눗물, 가스를 넣어 스펀지에 스며 있는 석유를 억지로 짜내야 하는 거예요. 그러니까 텍사스 동부의 유전 지대에서 생산이 줄어든 것은 자연스러운 일이에요. 텍사스 유전 지대에서도 1960년대 말에 생산량이 6천만 배럴쯤 되었을 때 석유를 뽑아 올리기 위해 유전에 물을 넣어서 8천만 배럴로 생산량을 늘렸어요. 하지만 그 뒤에 생산량이 계속 줄어들어서 지금은 1년에 1천만 배럴밖에 생산을 못 하고 있어요. 이렇게 석유의 생산이 최고점에 다다르면 그 다음에는 자연스럽게 줄어들 수밖에 없는데 이것을 피크오일 혹은 석유 정점이라고 한답니다. 그러니까 석유를 앞으로 얼마동안 쓸 수 있다고 말하는 것은 크게 의미가 없다는 거죠.

이미 미국은 1971년에 석유 생산량이 피크(정점)를 지났고, 인도네시아는 1977년, 러시아는 1987년, 북해 유전은 1999년에 정점을 지나 생산량이 줄어들기 시작했어요.

석유와 관련된 사고가 점점 더 자주 일어나는 까닭도 이 피크오일 이론에서 찾을 수 있어요. 편하게 석유를 뽑아 쓸 수 있는, 경제적이고 안전한 유전은 이미 지구에는 없습니다. 그래서 예전에는 돈도 많이 들고 위험해서 거들떠보지도 않았던 유전을 개발하기 시작한 것이지요. 멕시코 만의 석유 유출 사고가 바로 그런 경우랍니다. 해저 5,400m까지 시추 장비를 내려 보내야만 하는 상황이 된 것이죠.

피크오일을 연구하는 학자들은 2004년에서 2007년 사이에 피크오일이 되어 석유 부족으로 세계 경제에 빨간 신호등이 이미 켜졌다고 이야기합니다.

또 화석 연료가 충분히 쓸 만큼 남아 있지 않은 것만이 문제가 아닙니다. 문명의 기반이 된 석유와 석탄은 연소 과정에서 이산화탄소를 만들어 냅니다. 이 이산화탄소가 지구를 뒤죽박죽으로 만들어 놓았습니다. 기후 변화 시대를 맞이하게 된 거지요. 화석 연료가 만들어 준 편리와 혜택이 부메랑이 되어 피크오일과 기후 변화로 되돌아오고 있는 겁니다.

미국에서 두 번째로 큰 에너지 회사인 쉐브론이 캠페인 광고를 시작했는데 피크오일의 위기를 잘 보여 주고 있습니다.

"손쉽게 석유를 얻는 석유의 시대는 끝났습니다. 과학자들과 교육자들, 정치인들과 정책 입안자들, 환경 보호론자들, 산업계의 지도자들과 여러분 각자 모두가 새로운 에너지 시대를 만들어 가는 데 함께 해야 합니다. 행동하느냐 마느냐는 선택 사항이 아닙니다."

#1

맞선 보는 젊은 남녀가 앉아 있다. 청년은 반듯하게 생겼고 여성은 조금 수줍어하는 듯하지만 눈빛이 반짝거리는 총명한 아가씨다. 음료수가 입에 맞는지, 이곳 분위기가 마음에 드는지 이것저것 챙기며 살뜰하게 챙겨 주는 모양새를 보아 하니 청년은 맞은편 여성이 마음에 드는 모양이다. 청년은 이제 곧 여름인데 시간이 되면 바다에라도 한번 같이 가자고 한다. 여성은 갑자기 발랄해진다. 해변이 좋다고, 자신은 바닷가 마을에서 나고 자라서 바다를 보면 마음이 편해진다고. 청년은 의례적으로 고향이 어디인지 물었다. 여성은 후쿠시마라고 말을 한다. 순간 청년의 표정이 굳어졌다. 아무 말도 오가지 않았다.

여성은 처음에는 의아해했지만 이내 짐작을 했다는 듯이 조용히 자리에서 일어났다. 여성은 간단한 목례만 하고 자리를 떴다. 청년은 여성을 붙잡지 않았다. 여성은 원자력 발전소 사고가 난 피폭 지역인 후쿠시마 출신이었다. 거기서 태어나 자랐다. 아마도 2011년 원전 폭파 사고 때도 그곳에 있었을 것이다. 만약 여성이 그때 그곳에 없었더라도 여성의 가족과 친척들은 그곳에 있었을 것이다. 후쿠시마가 고향인 여성은 파혼을 당하기 일쑤이다. 피폭 지역 출신이라는 이유로.

※ 2030년 일본에서 일어날 수 있는 이야기로 꾸며 보았다.

#2

젊은 부부는 입양 센터 안내자와 꽤 긴 시간 동안 상담을 하고 있다. 아이를 입양하기로 한 모양이다. 그런데 부부는 굳이 북쪽 지역에서 태어난 아이를 원했다. 가능한 북쪽 지역 출신이어야 한다고 했다. 왜 입양하려고 하는지 까닭을 상담 기록으로 남겨야 한다.

"실례지만 불임이신가요?"

"아니요. 그래도 혹시 몰라서요."

후쿠시마 원전 폭파 때 피폭되었을지도 모른다는 불안감 때문에 임신할 수가 없다고 한다. 임신 이야기만 나오면 아내는 잠을 제대로 자지 못했다고 한다. 체르노빌 사고가 일어난 뒤 그 지역에 유난히 기형아들이 많이 태어났는데, 그 사실을 알고 있는 여성은 자신이 피폭되었을 확률이 거의 없는데도 임신을 할 수 없다고 한다. 마음을 굳게 먹었다가도 악몽에 시달리기도 하고 원인을 알 수 없는 오한에 시달리기도 한단다. 그래서 젊은 부부는 임신을 포기한 것이다. 최근 불임이 아닌 젊은 부부들이 입양 센터를 찾아오는 일이 늘고 있단다.

#3

"나 학교 안 갈래."

"왜 학교를 안 가? 학교에 가서 공부 열심히 하고 친구들하고 재미있게 놀아야지."

"싫어. 안 갈래. 친구들이 나랑 안 놀아. 내가 후쿠시마에서 전학 온 걸 친구들이 다 알아."

"얼마 전까지 나츠미랑 친하다고 했잖아. 나츠미랑 놀면 되지."

"걔도 이제 나랑 안 놀아. 나츠미 엄마가 나랑 놀지 말라고 했대. 나 후쿠시마에 있는 학교로 돌아갈래. 난 후쿠시마에 있는 학교가 좋아.

거기 친구들이 좋단 말이야. 난 학교 안 가! 안 간다고!"

엄마는 아이를 달래는 것을 포기했다. 애써 눈물을 참는다. 시간이 얼마나 흘러야 후쿠시마에서 살았던 게 아무 상관없는 날이 올까?

4

프로메테우스는 제우스한테서 불씨를 훔쳐 회향나무 대롱에 숨겨 인간에게 선물했다. 인간이 에너지를 쓰기 시작한 게 바로 이때부터다. 물론 신화 속에서 말이다. 신화 속 제우스는 불씨를 훔친 프로메테우스에게 끔찍한 벌을 내렸다. 코카서스 정상에 프로메테우스를 매달아 놓고 독수리를 시켜 간을 쪼아 먹게 한 것이다. 간은 재생 능력이 뛰어난 장기이다. 독수리에게 쪼인 간은 다음날 아침이면 멀쩡히 되살아난다. 그래서 프로메테우스의 고통은 멈추지 않는다.

"프로메테우스"라는 이름에는 "미리 아는 자"라는 뜻이 있다. 그는 자신이 어떤 고통을 겪을지 미리 알면서도 불씨를 훔쳐 인간에게 주었다. 하지만 앞날을 내다볼 수 있는 프로메테우스가 놓친 게 있다. 인간은 불씨에 만족하지 않았다. 나무, 석탄, 석유로 끝없이 불씨를 키워 나갔다.

인간은 영원히 꺼지지 않는 불을 손에 넣고 싶어 했다. 그리고 지금 후쿠시마에는 꺼지지 않는 불이 타오르고 있다. 세상을 삼켜 버릴 것처럼 타오르는 후쿠시마의 불에 놀란 인간은 부랴부랴 바닷물을 퍼부어 대고 있지만, 불씨는 꺼지지 않는다. 꺼지기는커녕 방사능 물질과 방사선을 바다와 대기로 뿜어내며 넘실대고 있다.

7등급 후쿠시마 원전 폭파 사건

2011년 3월, 일본 동북부 지역에 규모 8.8의 지진이 일어났어요. 그리고 잠시 뒤 7m의 대형 쓰나미가 일본 해안을 덮쳤어요. 최악의 재난이었지요. 하지만 쓰나미가 문제가 아니었어요. 진짜 최악의 악몽은 지진과 해일이 다녀간 뒤 후쿠시마에 있는 원자력 발전소에서 시작되었어요.

후쿠시마에 있는 원자력 발전소는 내진 설계가 되어 있었습니다. 하지만 규모 8.8의 강진은 견딜 수 없었지요. 발전소는 강진이 일어나자 자동으로 멈춰 버렸습니다. 그리고 송전탑이 무너지면서 발전소에 들어오는 전력도 끊어졌지요. 물론 모든 원자력 발전소에는 이런 비상사태 때 전력을 쓸 수 있도록 자가 발전기가 있어요. 그런데 설상가상으로 쓰나미가 밀려오면서 그만 지하에 있던 자가 발전기들이 물에 잠겨 고장이 나고 말았습니다. 발전기가 고장 나자 원자로에 냉각수 공급이 중지되었어요. 엄청난 열을 내뿜는 원자로를 식히기 위해서 냉각수 공급은 한순간도 멈추어서는 안 되는데 큰일이 난 것이죠. 원자로가 끓어오르기 시작했고, 끓어오른 물이 분해되면서 만들어진 수소가 폭발해 콘크리트와 철근으로 만든 원자로 격납고 용기가 터져 버렸어요. 전 세계 사람들이 방송을 통해 이 폭파 장면을 보았습니다. 하지만 문제는 이게 아니었어요. 머뭇거리는 사이에 냉각수가 줄어들어 연료봉이 공기 중으로 드러나기 시작한 거예요. 대기 중으로 엄청난 양의 방사능 물질이 뿜어져 나왔지요. 그제야 부랴부랴 헬기로 바닷물을 날라 퍼부었지만 역부족이었어요.

원자로는 점점 더 가열되었어요. 원자로의 연료봉이 녹아내리는 멜트다운 현상이 일어나는 게 아닐까 걱정하는 소리들이 여기저기에서 터져 나왔어요. 일본 정부에서는 그런 일은 안 일어날 것이고, 안 일어나고 있다고 말했어요. 하지만 원자로 주변의 방사능 오염 정도는 점점 더 심각해졌어요. 일본 정부는 피폭 지역을 확대하며 주민들을 대피시켰어요. 시간이 지날수록 대피시키는 지역이 넓어졌어요.

어느 날 도쿄전력 간부들이 무릎을 꿇고 사과를 했어요. 텔레비전에서요. 실은 이미 멜트다운 현상이 일어났다는 겁니다. 멜트다운보다 한 단계 더 위험한 멜트쓰루가 일어났을 가능성도 있다고 이야기했어요. 멜트쓰루는 원자로 안에서 녹아내린 핵연료가 압력 용기를 뚫고 새어 나오는 것을 말해요. 후쿠시마는 1986년의 체르노빌 원자력 발전소 사고보다 피해 규모가 10배나 큰 사고라고 합니다. 원자력

후쿠시마 제1원전이 멜트다운에 이어 멜트쓰루 상황이 일어난 것 같다는 소식을 전하는 일본 뉴스 화면.

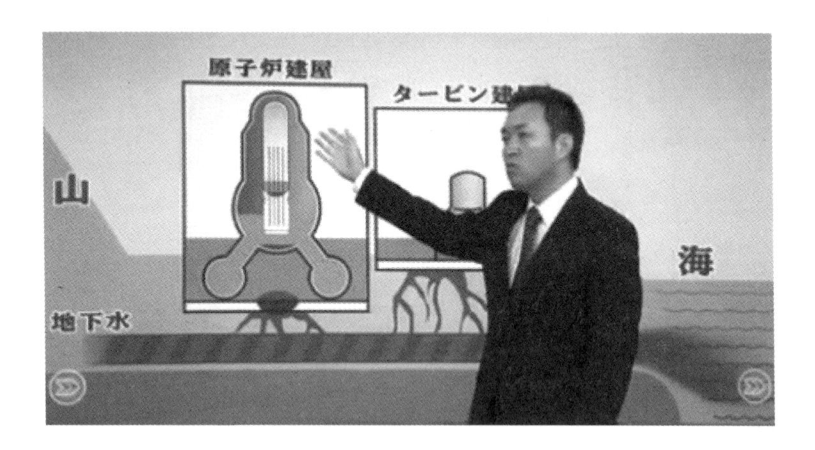

발전소의 사고 단계가 7단계까지 있는데 어떤 전문가들은 사고 등급을 8단계로 늘려서 후쿠시마를 8단계의 원자력 사고로 분류해야 한다고 말합니다.

제1원전에서 방출된 방사선 양은 2차 세계 대전 때 히로시마에 투하된 원자 폭탄 29.6개와 맞먹는 양이라고 해요. 우라늄 양은 원자 폭탄 20개와 같다고 하네요. 남아 있는 방사선량이 원자 폭탄은 1년 뒤에 1,000분의 1로 낮아지지만, 원자력 발전소의 방사성 오염 물질은 10분의 1 정도밖에 줄지 않는다고 합니다. 게다가 가열된 원자로를 식히기 위해 퍼부은 바닷물 가운데 새어 나온 오염수가 2011년 5월 말까지 10만 5,100톤쯤 될 거라고 해요. 이 오염수의 방사능 수치는 상상할 수 없을 정도겠지요. 이렇게 새어 나온 오염수는 바다로 흘러들어 전 세계 바다를 흘러 다니게 되겠지요.

그런데도 우리나라에서는 편서풍 타령만 하고 있었어요. 편서풍이 불기 때문에 우리나라에는 방사능 물질이 날아오지 않을 거라는 거예요. 안심하랍니다. 그런데 적은 양이지만 제주도에서 방사능 물질이 검출되었어요. 후쿠시마의 원전 사고는 아직 끝난 게 아닙니다. 1986년에 일어난 체르노빌은 아직도 폐기된 원자로를 봉쇄하는 작업을 하고 있어요. 두께 100m, 높이 165m가 되게 콘크리트 5,000톤을 덮었지만 다시 그 위에 2만 톤의 철제 덮개를 덮어야 한대요. 물론 후쿠시마의 원자로도 이런 작업을 해야겠지요. 아마 뚜껑만 덮는 데도 30년은 걸릴 거예요. 그 사이에도 방사능은 계속 대기 중으로, 바닷속으로 흘러들어 갈 거고요. 그 사이에 심각한 지진이 일어난다면……. 으으, 그만 상상할래요.

지금도 체르노빌 사고의 피해는 계속되고 있어요. 유엔에서 발표한 보고서를 보면 피폭으로 질병에 걸린 사람이 20만 명이 넘었고 사고 이후 갑상선암에 걸린 어린이가 2,000명이나 된다고 해요. 하지만 환경 단체들에서 발표한 보고서를 보면 이것보다 훨씬 더 피해가 크다고 해요. 세계보건기구 자료에서도 체르노빌 사고로 죽은 사람이 9,000명이나 된답니다. 물론 체르노빌 원전에서 반경 10km는 어느 누구도 드나들 수 없는 출입 금지 지역이 되었고, 30km는 영원히 사람이 살 수 없는 거주 금지 구역으로 봉쇄되었답니다. 그리고 사고 뒤에 태어난 아이들도 암에 걸린 경우가 많습니다. 후쿠시마도 체르노빌과 같은 사고 등급인 7등급이에요. 원전 사고 가운데서 가장 최악의 등급이지요.

1979년 드리마일 섬, 1986년 체르노빌, 2011년 후쿠시마 사고. 원자력 발전소에 사고가 날 확률은 100만분의 1이라고 이야기해요. 정말 확률은 확률일 뿐이지요. 우리나라는 얼마 전까지만 해도 "지금은 원전 르네상스"라고 이야기하며 원전 수출국으로서 굉장한 자부심을 가지고 있었지요. 수명이 다한 고리 1호기 원전을 계속 가동한다는 결정까지 하면서요. 그러나 그 낡은 원전은 급기야 사고를 내고 말았지요. 후쿠시마 원전 사고 1주년이 다가오는 2012년 2월 9일, 고리 원전 1호기에 12분 동안이나 전기가 전혀 공급되지 않는 사고가 일어났어요. 물론 그동안 냉각수는 공급되지 않았고요. 정전 시간이 길어졌다면 후쿠시마 원전 사고와 동일한 사고가 우리나라에서 일어나게 되는 것이었죠. 그런데 이 사고는 한 달 동안이나 알려지지 않았답니다. 도대체, 왜, 누가 이 사고를 쉬쉬하며 덮으려고 했을까요?

사람들은 석유가 바닥나고 있으니 원자력만이 유일한 대안이라고 이야기해요. 또 원자력 발전은 이산화탄소를 아주 적게 배출하기 때문에 기후 변화의 시대에 가장 필요한 에너지원이라고 이야기하지요. 정말 그럴까요?

꿈의 원자력이라고?

우리는 에너지를 얻기 위해서 무엇인가를 끊임없이 태워 왔어요. 나무를 태우고, 그 뒤를 이어서 석탄과 석유 그리고 천연가스를 태워 필요한 에너지를 얻어 왔지요. 가장 최근에 새롭게 등장한 것이 우라늄이에요. 물론 실제로 우라늄을 태우는 건 아니고요. 우라늄의 핵을 분열시켜서 그때 나오는 굉장한 양의 열을 이용하는 거예요. 석탄 같은 화석 연료들은 공기 중의 산소와 결합해서 빛과 열을 냅니다. 그런데 우라늄 같은 뚱뚱한 방사성 원소는 오히려 쪼개지며 몸집을 가볍게 만드는 과정에서 어마어마한 양의 에너지를 내요. 보통 우라늄 1g을 연소할 때 나오는 에너지가 석유 9드럼, 석탄 3톤을 태울 때 나오는 에너지와 맞먹습니다.

자, 도대체 이런 어마어마한 에너지가 어떻게 해서 나오는지 원자의 생김새부터 알아볼까요?

원자핵은 +전기를 띠고 있는 양성자와 +전기도 －전기도 띠지 않는 중성자로 이루어져 있어요. 중성자는 전기를 갖고 있지 않기 때문에 －전기를 가지고 있는 전자나 +전기를 가지고 있는 양성자의 반발이나 끌어당김을 받지 않고 핵 속을 마음대로 휘젓고 다니면서 원자핵 반응을 일으킬 수 있습니다. 그래서 중성자가 원자 폭탄이나 원자로에서 핵심적인 구실을 할 수 있는 거예요.

우라늄 같은 뚱뚱한 원자의 핵은 양성자와 중성자가 가득 들어서 터질 듯한 풍선처럼 생겼어요. 마치 그 핵에 조그마한 것 하나라도 더 들어가면 곧 터져 버릴 것처럼요. 우라늄은 양성자가 92개나 돼요. 양성자는 같은 +전기를 가지고 있기 때문에 서로 밀어내는데 양성자가 92개나 되니 밀어내는 힘이 얼마나 크겠어요. 만약 중성자가 없었다면 이렇게 뚱뚱한 원자는 존재하지 못했을 거예요. 중성자는 전기적 성질을 가지고 있지 않기 때문에 마치 접착제처럼 핵을 잘 뭉쳐 놓거든요. 그래서 양성자가 많은 우라늄에는 중성자가 143개나 돼요. 양성자와 중성자의 합이 235란 뜻으로 U-235라고 표시합니다. 중성자가 기를 쓰고 핵을 뭉쳐 놓는다고 하더라도 우라늄은 불안정해요. 그래서 여기에 중성자를 한 개 슬쩍 던져 넣어 주면 이제 더 이상 견디지 못하고 핵이 둘로 쫙 갈라지고 말지요. 덩치 큰 우라늄은 둘로 갈라지면서 원래 무게의 절반쯤 되는 새로운 다른 물질로 변해요. 그러면서 중성자를 2, 3개 정도 밖으로 내놓지요. 분열한 뒤의 전체 질량이 원래 우라늄 질량보다 작아요. 줄어든 질량만큼 에너지로 나오는 거예요. 아인슈타인은 $E=mc^2$이라는 아주 단순한 식으로 이 에너지를 계산했어요. 줄어든 질량(m)에 빛의 속도(c)를 두 번 곱한 값만큼 에너지(E)가 나온다는 것을 밝혀냈죠. 이 반응을 이용해서 열에너지를 만들어 내고 그 열에너지로 전력을 생산하는 것이 원자력 발전이랍니다.

그러면 좀 더 정확하게 이해하기 위해서 원자력 발전소 안으로 들어가 보도록 하죠.

원자력 발전소는 크게 세 부분으로 나눌 수 있어요. 열에너지를 만들어 내는 원자로, 열에너지로 물을 끓여 증기를 만들어 내는 부분, 이 증기로 발전기를 돌려 전기를 만들어 내는 부분입니다. 높은 열로 증기를 만들어 그 증기로 발전기를 돌리는 원리는 석탄이나 석유를 사용하는 화력 발전소와 똑같아요. 원자로는 우라늄 연료가 핵분열을 일으키는 곳인데 보통 25cm의 두꺼운 강철로 만들어졌고, 핵분열 때 연쇄 반응 속도를 조절하고 에너지를 생산하는 일을 해요.

핵분열이 일어날 때 중성자는 너무 빨리 움직여서 핵을 툭 치고 스쳐 지나가기만 해요. 그래서 핵을 쪼갤 수가 없어요. 그러니까 빠른 중성자를 느리게 만들어야 해요. 덩치가 큰 친구가 달려가고 있는데 작은 친구가 부딪치면 작은 친구만 밀려 버리잖아요. 덩치 큰 친구가 달려가는 데 영향을 주려면 적어도 그 친구와 덩치가 비슷해야겠지요. 중성자의 속도를 줄이려면 중성자와 질량이 비슷한 것이 필요한데, 그것이 핵 속에 있는 양성자예요. 수소의 핵에는 양성자가 딱 1개 있고, 또 수소는 물속에 많이 들어 있습니다. 그래서 중성자의 속도를 느리게 만들어 슬쩍 우라늄 핵 속에 들어갈 수 있게 만드는 데 물을 쓰는 겁니다. 물을 속도를 조절하는 감속재로 쓰는 거지요. 원자로도 종류가 여러 가지인데 "경수로"나 "중수로"라고 이름이 붙어 있는 것은 물을 감속재로 쓰기 때문에 붙여진 이름이에요.

또 중성자 수가 너무 많아져 원자로가 과열되어 버리면 큰일이 나겠지요. 그래서 중성자를 흡수해서 핵분열을 조정해 주는 제어봉이 들어 있어요.

이것이 바로 국내 원자력 발전소의 가압형 경수로 입니다.
격납 건물
원자로
가압기
증기 발생기
증기
터빈
발전기
전기 공급
복수기
열 교환
물
냉각 해수(배수)
냉각 해수(취수)
냉각제 펌프
펌프
해분열이… 중성자… 양성자가… 수소의 핵…경수로 중수로 어쩌구 저쩌구 어절씨구
뭔 소린지 모르겠어.

중성자의 속도를 줄여 주는 것은 감속재, 중성자 수를 조절해 주는 것은 제어봉이지요. 그러니까 감속재는 핵반응을 잘 일어나게 해 주는 것이고 제어봉은 핵반응을 억제하는 것이랍니다.

마지막으로 뜨거운 열에너지를 증기 발생 장치로 전달해 주는 냉각제가 있어요. 냉각제는 뜨거운 열에너지를 전달받아 물을 끓여서 증기를 만들어 냅니다.

원자력 발전소에서는 매우 조심해서 다루어야 하는 방사선이 늘 만들어지고 있습니다. 그런데 실은 태양빛도 방사선이랍니다. 무게가 많이 나가는 우라늄 같은 원자는 몸에 해로운 방사선을 내보내지만 자연 상태의 방사선은 우리 몸에 해를 끼치지 않아요. 특히 방사선 가운데 엑스레이나 감마선 같은 것은 굉장히 위험합니다. 이 방사선이 몸에 들어오면 백혈병, 갑상선암, 유방암, 피부암, 폐암, 백내장 같은 심각한 질병에 걸릴 수 있어요. 또 방사선이 유전자에 해를 끼칠 수도 있는데, 만약 생식 세포의 유전자를 변형시키면 기형아가 태어날 수도 있어요.

원자력이 인간에게 모습을 드러낸 것은 2차 세계 대전 때예요. 1945년 8월, 일본의 민간인들이 사는 도시에 원자 폭탄이 떨어졌어요. 미국을 중심으로 한 연합국이 2차 세계 대전을 끝내기 위해 일본에 폭격을 한 거지요. 원자 폭탄은 원자력 발전과 같은 원리로 만들어졌어요. 다만 원자력 발전은 핵분열이 일어나는 반응 속도를 적절하게 조절할 수 있는 것이고, 폭탄은 핵분열 반응이 빠르게 일어나도록 만든 것이 다르지요. 원자력은 1g의 우라늄으로 많은 에너지를 만들 수도 있지만, 한순간에 그보다 더 큰 것을 빼앗아 가기도 한답니다.

원자력 발전은 원자로가 돌아가는 동안 원자력 발전소 곳곳에서 방사선이 나올 수 있습니다. 원자로 부근에서 일할 때 입었던 옷이나 장갑도 함부로 버리면 안 돼요. 옷이나 장갑 같은 폐기물은 방사능 오염 정도가 낮아 "저준위" 혹은 "중준위 폐기물"이라고 해요. 이런 폐기물은 발전소 한 개에서 1년에 200드럼통 정도 나옵니다. 원자로 안에서 핵분열이 다 끝난 뒤 나오는 연료 쓰레기에서는 오랫동안 방사선이 나옵니다. 이것을 "고준위 폐기물"이라고 해요. 원자력 발전을 하고 있는 나라들은 이 폐기물을 처리하는 문제로 골치를 앓고 있어요. 폐기물에서 치명적인 방사선이 안 나올 때까지 안전하게 폐기물을 보관할 장소를 찾는다는 게 가능할까요? 만약 장소를 찾는다고 하더라도 핵폐기물이 흘러나오지 않도록 보관하는 보관 용기의 수명이 충분히 길까요? 고준위 폐기물은 적어도 300년은 보관해야 합니다. 플루토늄까지 포함한다면 2만 4천 년이 걸립니다.

어느 과학자가 이런 말을 했다는군요. "인간은 핵분열을 밝혀 낼 만큼 똑똑하다. 또 핵분열을 실제로 일으킬 만큼 멍청하다."

방사선을 쪼이면 어떻게 될까?

방사능이 우리 몸에 영향을 끼치는 방법은 두 가지예요. 방사능 물질이 내보내는 방사선으로 피해가 생기는 경우와 방사능 물질이 직접 인체에 들어와서 세포를 파괴하는 경우입니다.

방사선은 방사능 물질이 붕괴되면서 나오는 것이데, 알파(α)선, 베타(β)선, 감마(γ)선 들이 있어요. 예를 들어 세슘137이나 요오드131 같은 물질에서 나오는 베타선은 피부를 뚫고 들어와 세포나 유전자를 파괴해요. 알파선은 힘이 약해서 피부를 뚫고 들어오는 경우는 거의 없지만 상처가 난 피부로 들어오거나 호흡기로 들이마시게 되면 다른 방사선보다 유전자를 파괴하는 정도가 커요. 감마선은 가장 힘이 센 방사선이에요.

방사능 물질에 오염되었다는 것은 입으로 들어오거나 호흡을 통해 들이마시거나 피부를 통해 몸 안으로 들어온 것을 말해요. 몸 안으로 들어온 방사성 물질은 몸 안의 여러 조직으로 옮겨 다니며 완전히 없어질 때까지 계속 방사선을 내보내요. 그러니까 몸 안에서 붕괴하며 알파선, 베타선, 감마선을 내보내는 거죠. 이 방사능 물질을 흔히 '죽음의 재'라고 합니다.

만약에 말이에요, 혹시라도 방사능에 오염되었다면 비누를 많이 칠해서 깨끗이 씻어 내야 해요. 머리카락도 잘라야 하고요. 하지만 면도는 하면 안 돼요. 면도를 하면 미세한 상처가 생기는데 그 상처를 통해서 방사능 물질이 몸 안으로 들어갈 수 있거든요. 요오드가 많이 있는 음식을 먹는 것은 별로 도움이 안 돼요. 피폭 위험이 있는 사람에게 요오드제를 먹이는 것은 갑상선에 요오드를 미리 채워서 방사능을 가지고 있는 요오드가 갑상선으로 들어오지 못하도록 하는 것인데, 그 양은 음식물에서 얻을 수 있는 정도가 아니랍니다.

뉴스를 듣다 보면 반감기만 지나면 모든 게 해결되는 것처럼 이야기들 해요. 반감기는 원래 있던 방사능 원소의 양이 절반으로 줄어드는 데 걸리는 시간을 말해요. 나머지 절반은 자연적으로 붕괴해서 다른 물질로 바뀌는 거고요. 예를 들어 세슘이 100 정도 있다고 가정해 봅시다. 세슘의 반감기는 30년이에요. 30년이 지나면 절반인 50으로, 60년이 지나면 25로, 120년이 지나면 12.5로 줄어든다는 이야기예요. 그러니까 반감기가 지나도 방사능 물질이 완전히 사라지는 것은 아니에요. 단지 양이 절반으로 줄어들 뿐이지요.

내가 부리는 에너지 노예는 몇 명?

석유의 고갈과 피크오일, 악몽 같은 원자력. 게다가 한쪽에서는 기후 변화가 일어나고 있다고 해요. 그런데 우리는 아무 잘못도 하지 않은 것처럼 하루하루 살아가요. 사실 이런 상황은 우리가 만들어 냈는데 말입니다.

지금은 더울 때 선풍기나 에어컨을 틀면 되지만 전기 에너지가 없던 때에는 일꾼이 부채를 흔들어 시원한 바람을 일으켜야 했겠죠. 일꾼이 직접 했던 일을 전기 에너지가 대신하고 있는 셈이니 거꾸로 전기 에너지가 하는 일의 양을 사람이 한 일의 양으로 환산할 수 있겠죠. 영국의 풀러 박사는 우리가 쓰는 에너지 양을 노예의 노동량과 비교해서 계산해 보았답니다.

풀러 박사는 1940년대에 어른들이 하루 종일 적당히 일했을 때 몸이 소비하는 평균적인 에너지를 계산하고, 사람이 하루 동안 어느 정도 에너지를 외부에서 공급받는지 계산했어요. 그래서 우리가 쓰는 에너지 양이 하루 종일 몇 명의 일꾼이 일하는 것과 같은지 알아보려고 했어요.

풀러 박사가 계산한 결과 하루에 1kWh(1,000W의 전력으로 1시간 동안 전기 에너지를 썼다는 말이에요)의 전기 에너지를 쓰는 집은 10시간 동안 열심히 일하는 일꾼 한 명의 도움을 받고 있는 셈이래요. 2월에 전기를 264kWh 썼고, 요금은 27,140원이 나왔어요. 풀러 박사 방식으로 계산하면 노예 9명을 하루에 10시간씩 한 달 내내 혹독하게 부리고 산 셈이에요, 어휴.

헤어드라이어는 1.2kW라고 쓰여 있어요. 1시간 동안 드라이어를 쓴다면 1.2kWh가 되니까 일꾼 한 명이 12시간 동안 일을 해야 되네요. 형광등형 스탠드는 24W라고 쓰여 있어요. 스탠드를 4시간(h) 켜 놓으면 96Wh가 되는데 이걸 계산하면 0.1kWh쯤 나오니까 일꾼이 1시간 동안 일해서 불을 밝히는 것과 같은 거죠. 정말 엄청난 에너지를 쓰고 있네요.

다른 학자가 계산한 것을 보면 1911년 영국에서는 한 사람이 에너지 노예 20명을 썼대요. 1960년대는 81명을, 지금은 105명을 부린답니다. 미국 사람의 경우는 1960년대에 에너지 노예로 1,200명을 부렸다는 계산이 나온대요. 그만큼 에너지를 많이 쓰고 있고 또 사용량이 계속 늘어나고 있어요.

우리는 지금, 이 순간에도 에너지 노예를 수십 명씩 부리며 편안하게 살고 있습니다. 피크오일과 원자력과 기후 변화의 악몽을 만드는데 나도 한몫하고 있는 거지요.

이제 여름에는 전기 에너지 노예를 서너 명 해방시키고 우리가 움직여야겠어요. 선풍기를 트는 대신에 부채 부치고, 시원한 물로 세수하면서 더위를 식혀요. 나무를 가꾸어 그늘을 만들고 가까운 거리는 걸어가고 필요 없는 불은 끄면서 말이에요. 참, 텔레비전 보는 시간도 좀 줄여야겠어요.

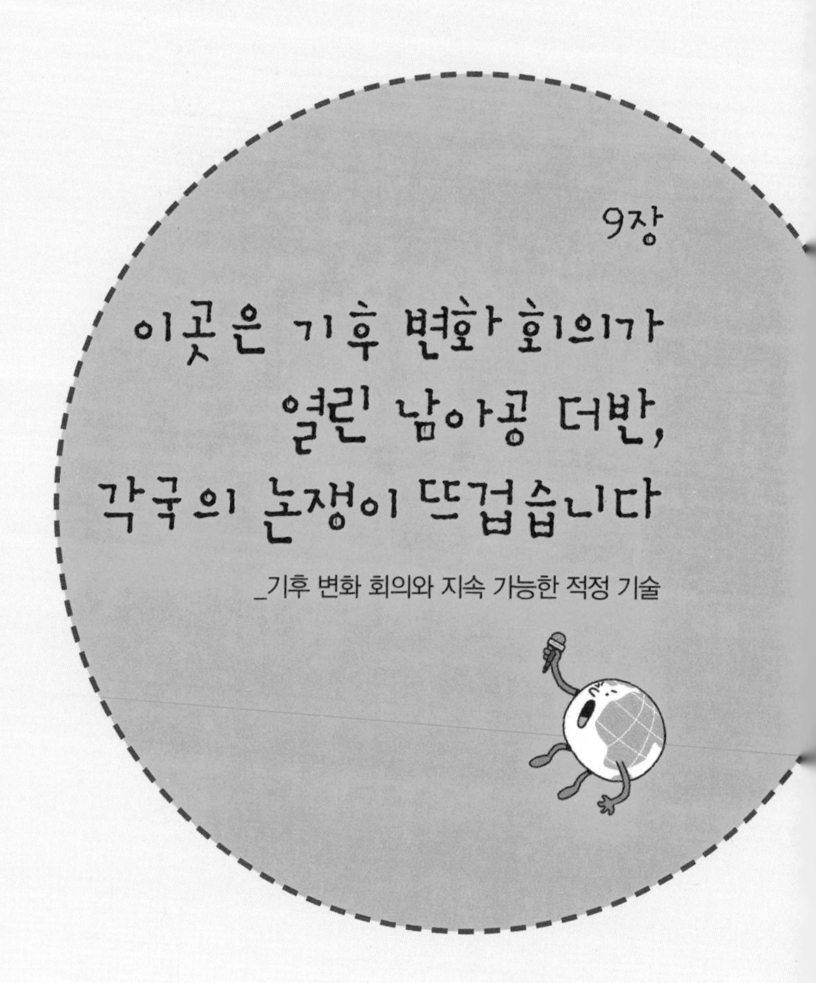

9장

이곳은 기후 변화 회의가 열린 남아공 더반, 각국의 논쟁이 뜨겁습니다

_기후 변화 회의와 지속 가능한 적정 기술

누가 꼰대?

기주라는 땅에 옥포산이란 곳이 있었다. 깎아지른 절벽 봉우리들이 무리 지어 모여 있고, 사시사철 구름을 머리에 이고 있는 천하의 명산 옥포산, 등정옥포 천하무산(옥포산을 오르고 나니 더 이상 오를 산이 없다)이라는 말이 있을 정도로 신성한 기운과 경치가 탁월하여 많은 동물과 산신령이 예로부터 즐겨 찾아 기거하던 산이렷다.

신성한 기운이 가득한 70개가 넘는 봉우리 중에서 특이하게도 지금의 남아프리카 공화국의 더반이라는 도시와 닮아 종봉踵峰(발꿈치 봉우리)이라 하는 곳에서 기이한 회합이 이루어지고 있었겠다. 상차림으로 봐서는 즐거운 잔칫상인데, 손님들의 표정이며 하는 짓은 잔치 자리가 아니라 심각한 토론 자리 같은 게 알쏭달쏭 기이한 회합이었다.

그곳에 한 짐승이 있으니 주둥이는 뾰족하고 두 귀는 기다랗고 허리는 길고 네 발은 족발이었다. 고개를 숙이고 뛰기를 잘했다. 세상 사람들이 이 짐승을 노루라고 했는데 스스로를 높여 장 선생이라고 하였겠다. 이 장 선생이 서쪽 편에서 난감한 표정으로 뾰족한 주둥이를 한 발이나 내밀었다. 두 귀는 시름에 젖어 축 처진 게 마치 강아지 귀 같았다. 동편에서는 여러 동물들이 앉지도 서지도 않고 어정쩡한 자세로 입맛만 다시고 있었다. 뭔가 상당히 곤란하고 편치 않은 일이 벌어진 것이 분명하였다. 좌중에서 토끼가 방정맞은 걸음걸이로 깡충깡충 뛰어나와 눈을 깜빡이면서 말하였다.

"오늘의 이 좋은 연회 자리에 조용히 자리를 정하여 예법을 정해야 할 것이거늘, 요란하고 무례하구나."

"토끼님의 말씀이 가장 옳은 듯하니 원컨대 선생께서 좋은 도리를 가르쳐 손님들을 자리에 앉게 하여 주십시오." 노루가 턱을 끄덕이며 말하자 토끼가 연회에 참석한 손님들을 돌아보고 말했다.

"우리 종봉의 짐승들은 하늘과 땅이 열린 후 처음으로 황하에 큰물이 들어 어려움을 겪었을 때부터 매년 봄이면 이곳에 모여 옥포산 짐승공동체의 안녕과 발전을 위해 연회와 회합을 하며 중요한 일들을 결정해 왔소."

토끼의 알맹이 없이 지 잘난 척하는 사설이 아니꼬웠는지, 두더지는 보이지도 않는 눈을 연신 비비고, 노루는 처진 귓속에 혹시라도 귀지라도 있는지 족발로 부비고, 다들 그런저런 모양으로 토끼의 이야기를 귀담아 듣지 않고 있었다.

"그러던 옥포산 짐승공동체의 회합에 상석을 정하는 다툼으로 몇 해째 아무런 논의도 못 하고 그냥 헤어지고 만 일은 잘 알 것이오. 이는 우리 조상님과 옥포산의 이 봉 저 봉에 사는 모래처럼 많은 우리 자손들에게 여간 부끄럽고 황당한 일이 아닐 수 없소."

기다란 구레나룻을 쓰다듬다, 비틀다, 몸을 꼬던 여우가 나서기를 "이미 다 아는 이야기의 사설은 각설하고 본론을 말하시오. 내 수염이 다 세겠소. 토 선생, 그래서 우리가 작년에 오늘 연회에서는 무슨 일이 있어도 상석에 누가 앉을 것인지를 정하기로 하지 않았소!"

“내 이제 말하려 하지 않소. 내 일찍 들으니 ‘조정엔 막여작이요, 향당엔 막여치(조정에서는 벼슬이 제일이고 백성들 사는 세상에서는 나이가 제일이라)’라 하오니 부질없이 다투지 말고 나이가 많이 든 순서대로 높은 자리에 앉도록 하십시다.” 토끼의 말을 듣고 노루가 허리를 수그리고 있다가 펄쩍 뛰며 내달아 말하거늘 “내가 나이가 많아 허리가 굽었노라. 높은 자리에 앉는 것이 당연한 일이다.” 하고서는 암탉이 걷는 걸음으로 뒤뚱거리며 높은 자리에 가서 앉았겠다. 두꺼비는 원래 생김새가 볼품이 없는 위인이지. 그래서 아무 말도 하지 못하고 가슴만 벌렁거리다가 엉금엉금 기어 한쪽 모퉁이에 엎드려 눈치만 보고 있었는데, 폴짝 뛰어나와 말을 던지네.

“내 비록 털은 없으나 입만은 어느 누구보다도 크오. 생각은 털로 하는 게 아니라 입으로 하는 것이라고 우리 선조들은 예로부터 입의 크기를 지혜의 상징으로 생각해 왔소. 그러니 지금부터 내가 하는 말이 세상의 이치에 어긋남이 없는 진리이니 잘 들으시오.”

두꺼비는 불룩불룩 제 몸을 부풀려 가며 말을 이었다.

“본디 두꺼비는 영험한 짐승이오. 그러나 그동안 수가 적어 그 영험함에도 불구하고 어른 대접을 받지 못하고 살았소. 그렇지만 요즘에는 인공 수정 기술의 발전과 연일 따뜻한 날씨 덕에 우리의 세가 셀 수 없을 정도로 불었소. 나이가 무에 중요하단 말이오. 짐승공동체의 안녕과 발전을 이끌기 위해서는 숫자가 중요하오. 그러니 나, 두꺼비가 상석에 앉아야 하오.”

두꺼비는 팔딱팔딱 뒷다리 근육에 힘을 주어 높은 상석으로 몸을 날렸다. 구부정한 허리로 상석에 있던 노루가 한 칸 아래로 내밀렸다.

"잠깐, 멈추시오. 수만 많으면 영향력이 큰 것이요? 안 보인다고 분명 있는 게 없을 수 있소? 여러 님네들이 딛고 서 있는 그 땅 아래를 한번 보신 적이 있으시오? 우리 두더지는 한 시간 안에 이 산의 70여 봉우리에 모든 정보를 전달할 수 있는 지하 땅굴 정보망을 가지고 있소. 이미 우리 종족들이 촘촘한 그물망처럼 땅굴을 파 놓아 어느 봉우리에서든지 한 시간 안에 모든 정보와 물량을 전달할 수 있소. 그러니 두꺼비의 숫자 놀음보다야 우리 두더지의 정보 네트워크의 힘이 짐승 공동체의 안녕과 발전을 위해서 더 큰 영향을 주지 않겠소."

두더지는 햇빛 때문에 잘 보이지도 않는 눈은 아예 감아 버리고 까맣게 흙물이 든 포크레인 같은 넓적한 손가락을 더듬거리며 상석으로 몸을 옮기기 시작했다. 두꺼비는 멀뚱멀뚱 불룩불룩 숨만 쉬고 있다 슬며시 자리를 내주고 말았겠다.

쥐를 닮은 수달이 몸의 물기가 마를세라 연신 잔칫상의 술주전자를 몸에 들이붓고 있더니 어느새 거나하게 취한 목소리로 주정을 하며 좌중 앞으로 나서다, 결국 먹은 것을 다 게워 내고는 비틀거리며 털퍼덕 자리에 주저앉아 버렸다.

"저 불상놈 같은 놈은 무슨 버르장머리로 회합장에서 상상치 못할 추태를 보이느냐?"

주위의 비난이 아무렇지도 않은 듯 수달이 입을 열었다. 술 냄새가 좌중에 확 퍼졌다.

"여보시오. 보편적 복지가 뭔지나 아시오. 홍익인간의 이념이 뭔지는 아시오. 딸꾹. 널리 짐승을 이롭게 하여야 한다 이 말이오. 우리 수달이 지금 어떤 위기에 처한 줄이나 아시오. 딸꾹. 두더지의 땅굴 놀음에 지하 수맥이 끊겨 우리 저수지의 물이 줄어들고 있소, 또 두꺼비의 산아 제한 철폐로 저수지에 양서류들이 바글거려 산소가 고갈되고 있소. 나이 많은 노루님네들이 평생 동안 닥치는 대로 먹어 버려 수목이 황폐해져 그도 또한 지하수 고갈의 원인이 되고 있소. 그러니 우리 수달은 여러 양반님네들 때문에 이렇게 어려움을 겪고 있는 것이오. 이런 피해자가 가장 상석에 앉아 그동안의 피해를 보상받아야 하는 것 아니겠소!"

수달은 자기의 연설에 자기가 감동한 듯 눈에 눈물이 그렁그렁하였다. 그러자 거일반삼, 즉 한 가지를 들어 세 가지를 아는 여우가 곰곰이 생각하였다.

'한갓 허리 굽은 것만 가지고 제가 나이 많은 체하면서 높은 자리를 차지하려 하고, 고아원처럼 바글거리는 숫자로 또 높은 자리를 차지하려 하고, 땅굴 몇 리 판 것 가지고 정보 네트워크 운운하며 자리를 차지하려 하고, 불쌍한 척 배려받아야 한다며 자리를 차지하려는 저들의 검은 속셈이 참 한심하구나.'

여우도 입을 열었겠다.

"나도 어찌 내세울 것이 없으리오. 허나 우리끼리만 백날 자리를 정한들 무슨 소용이오. 왕 중 왕이라고 하는 백호가 아예 우리 회합을 무시하고 참석조차 안 하고 있으니. 우리가 정하고 난 뒤 날카로운 이빨을 번뜩이며 나타나 상석은 내 자리다 하고 우긴다면 우리가 정한 게 무슨 소용이란 말이오."

여우가 구레나룻을 쓰담으며 하는 말에 다들 표정이 싸해졌다. 틀린 말이 아니니 그럴 수밖에.

"원래 작년까지 자리를 정하기로 한 것을 올해로 연장하지 않았소. 올해는 무슨 일이 있어도 자리를 정하기로 했는데. 이제 어떻게 할 것이오."

이름뿐인 범짐승공동체 회의라고 바깥세상의 손가락질이 거센 판이라 누구 하나 선뜻 나서는 이 없이 다들 유구무언 먼 산만 뚫어져라 쳐다보는데,

"해도 저물어 가고 음식은 식어 말라 비틀어지고 백호도 없는 짐승 공동체 회의라니 이제 어쩔 것이오."

"쌓여 있는 논의거리가 이미 봉우리 하나를 차고도 넘치는데, 아직 짐승공동체의 안녕과 발전을 위한 논의는 시작도 못 했으니. 합의는 무슨 얼어 죽을 놈의 합의."

토끼가 다시 깡충거리며 튀어나와 빨간 눈을 쟁반만 하게 늘이고는 이야기를 시작한다.

"자자, 수가 없는 건 아니요."

토끼의 말에 좌중 침을 삼키며 목을 뺀 채 주목한다.

"이렇게 합시다. 올해까지 정하기로 한 것을 5년 뒤로 연장하는 안건을 내겠소. 그리고 자세한 내용은 내년에 협의하기로 협의합시다. 그리고 이것을 합의합시다."

"연장을 연장하기로 하고, 협의는 내년에 하는 걸로 협의하고, 이것을 합의한다."

"오호, 그러면 올해 회의는 굉장히 성과를 많이 남긴 회의가 되겠군. 연장도 하고 협의도 했고, 합의도 했으니. 옳거니!"

"음 역시, 올해의 회의는 굉장한 진전을 보았네그려. 대만족이요. 내

돌아가서 선조와 자손들이게 그리 알리면 되겠소."

"난 지하 땅굴 네트워크를 통해 올해 회의의 큰 성과를 온 봉우리에 알리리다."

어느 님인가는 쿵쿵그르르 캥컹컹 열심히 소리를 높이기도 하고, 어느 님들은 고개를 주억거리기도 하고, 양미간에 깊은 주름을 잡고 두주먹을 불끈 쥐며 뭔가 대단한 결의를 한 척하였다.

"기념 촬영을 할 차례요. 어서들 모이시오."

종봉 허리에 해가 걸리고 기념 촬영을 하려고 다들 옹기종기 모여 V 자를 그려 보고, 노루는 맨발을 그냥 들고 그렇게 기념 촬영을 하며 남아프리카 공화국의 더반을 닮은 종봉에서 옥포산 범짐승공동체 회의를 성공리(?)에 마치고 있었다.

해는 지다 말고 이 모양을 비웃다가 그만 종봉에서 미끄러져 갑자기 밤이 되어 버린 어느 하루의 일이었다.

❈ 이 이야기는 조선 후기 우화 소설 〈두껍전〉 가운데 하나를 각색해서 쓴 것이다. 성과 없이 끝나는 기후 변화 회의를 빗대어 썼다.

여기는 북극 야생 동물 보호 구역, 당신이라면 어떤 결정을 내릴까?

아프리카의 탄자니아에는 세렝게티라는 곳이 있는데 그곳은 동물의 왕국이라고도 해요. 백만 마리의 누(소와 비슷한 종류의 동물)가 흰색 수염을 나부끼며 풀을 뜯고 있고, 얼룩말 수십만 마리가 대지를 울리며 뛰어가고, 기린도 긴 목이 부러져라 달려가고 있어요. 세렝게티 평원에는 야생의 심장이 벌떡이고 있는 셈이지요.

북극에도 또 다른 세렝게티가 있어요. 알래스카의 북쪽 해안인 프루도 만에 있는 북극 야생 동물 보호 구역입니다. 브룩스 산맥의 북쪽 경사면을 따라 부들부들하고 폭신폭신한 융단을 깔아 놓은 것 같은 곳, 온갖 이끼들이 키 작은 관목들과 어울려 있는 툰드라 지역. 이곳은 극지방의 빈약한 생태계를 감싸 주는 포근하고 안전한 보금자리예요. 순록, 검은독수리, 흰기러기, 북극곰, 스라소니, 사향소, 북극여우, 울버린, 회색곰이 인간은 도저히 이해할 수 없는 그들만의 평화로운 방식으로 오순도순 살고 있지요.

자기 몸만큼이나 크고 화려한 뿔을 자랑하는 순록 카리부가 있는 곳, 멸종 위기의 사향소가 아직도 사랑의 냄새를 뿜어내는 곳, 북극곰이 달달한 겨울잠을 청하는 곳. 그런데 그들이 평화롭게 살아가는 대지 밑에는 그들의 목을 점점 죄어 오고 있는 검고 찐득한 액체, 석유가 터질 듯 꽉 들어차 있어요. 그것이 하얀 대지의 세렝게티에 모습을 드러내는 날 알래스카의 세렝게티는 시름시름 앓다 죽어 갈 겁니다. 그리고 하얀 대지에는 검은 십자가만 남게 되겠지요.

이누이트도 잘살 권리가 있다

알래스카의 이누이트들을 석유 신흥 재벌이라고 해요. 왜냐하면 석유 개발 산업체와 석유 개발로 이득을 얻은 정부가 4인 가족을 기준으로 1년이면 거의 2천만 원을 아무 조건 없이 나눠 주고 있거든요.

뿐만 아니라 대부분은 석유 개발 산업체에 취직을 했거나 석유 개발과 관계있는 일을 하며 돈을 벌고 있어요. 이누이트들은 북극의 힘 Arctic Power이란 단체를 만들어서 야생 동물 보호 구역의 석유를 개발하기 위해 열심히 활동하고 있습니다.

미국은 러시아에 헐값을 주고 알래스카를 사들였어요. 그때만 해도 알래스카에 검은 황금이 묻혀 있는 줄 아무도 몰랐지요. 1968년 프루도 만에서 석유가 발견되었고 1971년에 '원주민 토지 청구권 해결법'이란 것이 만들어져 이곳 인디언들은 석유 개발 업체한테서 땅과 상당한 돈을 받게 되었어요. 땅을 넘겨주고 얻은 권리로 해마다 꽤 많은 돈이 생겼고, 직장과 문명의 편리함도 얻게 되었지요. 이제 석유가 없던 가난한 시절, 마약과 술에 절어 살던 원주민들의 불행한 시대는 검은 황금과 함께 사라졌어요.

프루도 만에는 150억 배럴, 북극 야생 동물 보호 구역 안에는 120억 배럴의 석유가 매장되어 있을 거라고 합니다. 미국은 아이젠하워 대통령 때 무분별한 석유 개발 업자들한테서 북극 지역을 보호하기 위해 석유 개발을 제한하는 법을 만들었어요. 그런데 최근에 중동지역의 유가가 불안하다는 이유로 이 법안을 해제하려고 해요. 대부분의 이누이트들은 석유 개발에 찬성하고, 오히려 그린피스 같은 환경 단체 사람들을 철저하게 배격하고 미워하고 있는 상황이지요.

"땅은 자연의 한 부분이고 자연 또한 땅의 한 부분이어서 이 땅의 온기와 공기의 신선함과 물의 반짝임을 팔 수 없다. 향기로운 꽃도 카리부와 독수리 그리고 단단한 바위조차도 모두 우리 가족이다."

알래스카 인디언 추장이 한 말입니다. 이 말이 아직까지 힘을 발휘

하는 인디언 마을도 있답니다. 아직도 카리부가 자신들 심장의 한 부분이고 또 그들 자신도 카리부 심장의 한 부분이라고 믿으며 카리부와 관계를 맺으며 살고 있는 인디언 부족 그위친족이 있습니다. 이들은 북극 야생 동물 보호 구역의 남쪽 끝 아크틱 빌리지에 살면서 순록의 이동을 좇아 자급자족하며 살고 있어요. 그위친족은 원주민 토지 청구권 해결법에 서명을 하지 않았기 때문에 정부나 석유 개발 업자들한테서 돈을 받지 못했지요. 그들은 아직도 조상들이 그랬던 것처럼 카리부 사냥철이 되면 카리부를 잡아서 먹고살아요. 그리고 그들은 카리부가 살고 있는 보호 구역의 개발을 강력히 반대하고 있지요. 다행히 보호 구역의 석유 개발을 추진하던 부시 행정부 대신 오바마 행정부가 들어서서 석유를 개발하지 않겠다고 뜻을 밝혔어요.

하지만 석유값이 올라가거나 값을 불안정하게 하는 다른 요인이 생긴다면 다시 개발 이야기가 나올 수도 있습니다. 지금도 알래스카의 그위친족과 카리부는 불안하게 하루하루를 보내고 있답니다.

극한의 환경에서 사는 이누이트들이 선조 때부터 살아오던 자신들의 땅을 석유 개발 업자에게 빌려 주고 돈을 받아서 풍요롭게 사는 것이 비난받아야 하는 행동일까요? 만약 그렇게 하지 않았다면 이누이트들은 여전히 사냥철마다 물범이나 고래를 사냥하며 원시적인 생활을 하고 있었을 거예요. 또 술과 마약의 늪에서 헤어나지 못하는 사람들이 많이 생겼을 거예요.

알래스카의 이누이트들은 이렇게 이야기하고 있어요.

"고층 빌딩에서 엄청난 에너지를 쓰면서 북극의 석유 개발을 반대하는 서명 운동에 동참하는 뉴요커들이 극한 환경에서 약간의 에너지를 쓰며 약간의 물질적 풍요를 누리고 있는 우리를 비난할 수 있나?"

어쩌면 우리는 스스로는 아무것도 하지 않으면서 목소리만 높이는 무책임하고 게으른 사람들이 아닐까요? 어쩌면 우리가 황금 노다지를 눈앞에 두고 있는 알래스카의 이누이트들이 아닐까요? 개발을 찬성해야 할지, 반대해야 할지 당신이 이누이트라면 어떤 결정을 내릴까요?

불확실한 것 같은데 이럴 때는 허용해야 하나, 반대해야 하나?

몇몇 학교에서는 학교 안에서 일명 삼디다스 슬리퍼를 신는 것을 금하고 있어요. 이유는 바닥이 미끄러운 곳에서 슬리퍼를 신고 뛰어다니다가 사고가 날 수 있기 때문이라고 해요. 그러면 학생들이 슬리퍼를 신어서 얻는 이득은 무엇일까요?

먼저 신고 벗기가 편하지요. 또 하루 종일 끈까지 꽉 묶은 운동화 안에 발을 넣어 두고 있으면 발가락 사이는 무좀 균의 공격에 초토화될 거예요. 게다가 삼디다스 슬리퍼는 가격도 아주 저렴해요 3,000원이면 한 켤레 마련하니 마다할 이유가 없지요. 심한 경우는 아예 삼디다스 슬리퍼를 신고 학교에 오는 학생들도 있어요. 학생들이 슬리퍼를 이렇게 즐겨 신고 있는데 사고 날 수도 있다는 이유를 들어 학교에서 슬리퍼 신는 걸 금지해야 할까요? 슬리퍼를 못 신게 하는 규정이 합리적인 결정인지 아닌지 판단하기 위해서 쉽게 생각할 수 있는 방법은 이익과 손해 중 어느 것이 더 큰지를 계산해 보는 거예요.

우선 삼디다스 슬리퍼를 신었을 때 사고가 발생할 확률값을 계산해야 하고 또 사고가 일어났을 때 경제적 피해가 어느 정도인지 계산해봐야 해요. 병원비 그리고 학생은 경제 활동을 해서 돈을 벌지는 못하지만 경제 활동을 하는 부모님이 직장에서 조퇴 혹은 결근을 해 학생을 병원에 데리고 가야 하고 또 수업에 빠졌으니까 온라인 강좌나 과외를 받아 보충해야 할 때 경제적 손실이 발생할 수 있지요. 또 사고 당시 겪은 고통을 돈으로 환산해 볼 수도 있지요. 발목에 깁스라도 하게 되면 택시를 타야 하니 그 비용도 있겠지요.

반대로 슬리퍼를 신지 않고 하루 종일 발을 운동화 속에 가둬 두어서 생길 수 있는 무좀과 무좀을 치료하기 위해 드는 비용 또 무좀 때문에 가려워서 신경 쓰느라 공부에 집중할 수 없어서 따로 공부를 해야 할 때 드는 비용, 무좀이 걸렸다고 하는 정신적 충격과 사회적 소외감을 화폐로 환산했을 때 드는 비용. 이 두 가지 비용 가운데 어느 것이 더 큰지를 계산해 본다면 슬리퍼 신는 걸 금지해야 할지 아니면 허락해야 할지 판단할 수 있는 근거가 생길 거예요. 이런 판단법을 '비용편익분석법'이라고 한답니다.

이 경우는 사고 발생 확률이 있으므로 충분히 계산할 수 있어서 위험한지 아닌지 평가할 수 있어요. 그런데 만약에 상황이 달라진다면?

예를 들어 학교의 바닥재를 바꾸었는데 그 바닥의 마찰 계수가 어느 정도인지 정확하게 잴 수 없는 상황이라면요. 그 재질이 특수해서 신발 바닥과 어떤 조건에서 만나는지에 따라 반응이 달라진다면요. 물걸레질을 했을 때나 아니면 대기 중 습도의 관계, 또는 심지어 대기 중 소음 정도에 따라서 마찰 계수가 달라진다고 하면, 과학적으로 정확하게 계산할 수 없겠지요. 아직 새로운 바닥 재질의 마찰 계수는 밝혀지지 않은 영역이고 밝혀진다고 해도 굉장히 많은 변수 때문에 불확실하다면요? 마치 베이징의 나비 한 마리가 날갯짓을 했는데 이 날갯짓이 대기에 작은 흔들림을 만들어 내고 이 대기의 흔들림이 굉장히 복잡한 여러 가지 변수와 얽혀 결국에는 뉴욕에 태풍을 만들어 낼 수 있는 것과 마찬가지로 불확실한 상황이 일어나게 된다면요?

우리는 이 경우 미끄러져 다칠 확률이 얼마나 되는지 그것이 무좀에 걸려서 지불해야 하는 경제적, 문화적 비용과 비교했을 때 더 클지 작을지 알 수 없는 상황이 되겠지요. 단지 '미끄러질 확률이 있다'는 것만 확실한 상황이라면요. 이럴 때 슬리퍼 신는 걸 금지해야 하나요, 아니면 금지하지 말아야 하나요?

여전히 무슨 우스운 말장난이냐고 할 사람들을 위해 예를 하나 더 들어 볼게요. 유전자 조작 식품의 경우에는 어떨까요?

유전자 조작 식품을 허용해야 한다와 막아야 한다는 의견이 분분해요. 유전자 조작 식품은 아직 안전하다고 판명이 난 것도 아니고 위험하니 먹으면 안 된다는 판단이 난 것도 아닙니다. 단지 위험할 수 있는데, 위험한 정도가 아직 과학적으로 명확하게 밝혀지지 않은 것이지요. 이럴 경우 유전자 조작 식품이 시중에 유통되도록 허용하는 것이 맞는 것일까요 아니면 확실하게 안전하다고 판단할 때까지 유통을 금지하는 게 맞는 것일까요? 실제로 나라마다 다른 정책을 내놓고 있어요.

이때 안전하다고 결론이 난 상황이 아니며 또 만약에 인체에 해를 끼칠 경우 피해 정도가 얼마나 클지 또는 그 피해가 원상회복이 가능한 정도의 피해인지(예를 들어서 인체에 치명적인 해를 끼쳐 목숨을 잃는 경우 같은) 그리고 유전자 조작 식품을 사용하는 대신에 어렵더라도 다른 대안이 있다면 안전성이 완전히 입증될 때까지, 다시 말해 불확실성이 없어질 때까지 사용을 금지하는 것이 맞다는 입장이 있어요. 이것을 사전 예방 원칙이라고 한답니다.

그렇다면 이 사전 예방 원칙을 최근 진행하고 있는 기후 변화 회의에 적용해야 할까요?

도대체, 왜 기후 변화 협약을 체결하지 못할까?

베를린, 제네바, 부에노스아이레스, 본, 헤이그, 마라케시, 뉴델리, 밀라노, 몬트리올, 나이로비, 발리, 포즈난, 코펜하겐, 칸쿤…….

이 도시들의 공통점은 무엇일까요? 기후 변화를 막기 위해 국제 사회가 기후 변화 회의를 열었던 도시들입니다. 2009년 덴마크의 코펜하겐, 그리고 2010년 멕시코의 칸쿤, 2012년 남아공의 더반까지 이번에는 뭔가 실질적인 목표를 세우고 실천할 수 있는 방법들을 합의하겠지 기대하면서 바라보았지만 여전히 빈손이랍니다. 마치 "기후 변화를 막기 위해" 모였다가 그저 "기후 변화를 막기로" 결정하고 끝내는 회의 같다고나 할까요.

1997년 교토에서 협약한 교토의정서의 효력은 2012년까지입니다. 교토의정서에 이어 국제 사회에서 책임을 가지고 지켜야 할 조약을 만들지 못하면 우리 지구는 어떻게 되는 걸까요?

그런데 어떻게 기후 변화를 막을지, 누가 어디서 어떤 일을 맡고, 그 과정에서 얼마나 책임을 질 것인지 정하는 게 왜 이리 힘이 드는 걸까요?

첫 번째로, 기후 변화 원인을 과학적으로 완전하게 밝혀내지 못했으며, 앞으로도 힘들기 때문이랍니다. 그야말로 불확실하다는 거지요.

우리는 아직도 과학적으로 정확하게 밝힐 수 없다고 하면 모든 판단을 뒤로 미뤄 버립니다. 다르게 생각하면 '과학적 판단'을 맹신한다고도 할 수 있어요. 그런데 과학이 요술 방망이는 아니랍니다.

오존층과 프레온 가스 이야기를 한번 해 볼까요? 오존층에 구멍이 뚫려서 자외선을 막지 못한다고 한동안 자외선 공포에 시달렸지요. 국제 사회에서도 협약까지 맺으며 오존 구멍을 막기 위해 애를 쓰고 있습니다. 이 사건을 살펴보면 과학이 요술 방망이가 아니라는 것을 알 수 있어요.

냉장고를 만드는 원리는 이렇습니다. 냉매 가스를 압축했다가 다시 기화하면 부피가 팽창하면서 온도가 낮아지는 현상이 일어나요. 이런 저온 상태를 이용해서 냉장고 내부의 온도를 낮춘답니다. 암모니아 가스를 냉매 가스로 쓰기도 했는데 암모니아는 똥 냄새도 나고, 폭발할 위험도 있고, 많은 양을 마시면 몸에 해를 끼치기도 해요. 그런데 과학자들이 프레온이라는 가스를 발견하게 되었어요. 이 가스는 고약한 냄새도 나지 않고, 매우 안정적이고, 인체에 해를 끼치지도 않고, 폭발할 위험도 없고, 불에 타지도 않아요. 그래서 언제까지나 냉장고 안을 돌며 압축되었다 팽창되면서 냉장고 내부를 차갑게 할 수 있지요. 과학자들은 대단한 발견에 흡족해했고 곧바로 상업적으로 쓰였어요. 그당시 과학자들은 아무도 자신들이 발견한 프레온 가스가 50년이 지난 뒤 대기의 성층권으로 올라가 오존층을 파괴하게 될지 몰랐을 거예요.

여전히 과학은 완전하고 확실하다고 생각하세요? 실험실 밖의 세계에는 다양한 변수들이 너무나 많습니다. 오랜 시간이 지난 뒤 어떤 문제가 어떻게 생길지, 실험실에서 모두 실험하고 확인해 볼 수는 없는 거랍니다.

두 번째로 나라마다 이해관계가 다른 게 문제입니다. 우산 장수와 소금 장수를 생각하면 됩니다. 비가 오면 우산 장수가 돈을 벌고, 해가 쨍쨍 나면 소금이 잘 말라서 소금 장수가 돈을 벌게 되는 것과 같은 이야기예요.

개발 도상국은 당장 빚에서 벗어나는 것과 국민들의 빈곤 문제를 해결하는 게 중요합니다. 그래서 형편이 되는 한 굴뚝을 많이 세우고 생산성을 높여 돈을 벌려고 하지요. 그 과정에서 석유와 석탄을 쓰게 되고 온실가스를 많이 배출하게 되겠지요. 그래서 개도국에서는 지금 당장 온실가스를 줄이는 일에 동참할 수 없다고 주장해요. 다른 나라에서는 개도국의 처지를 받아들여야 할까요?

기후는 누구의 것인가요? 누가 정상적인 기후를 필요로 하나요? 여기에는 개도국, 선진국의 구분이 없습니다. 기후는 공공의 재산입니다. 그렇다면 개도국도 동참하는 게 당연하지 않을까요? 하지만 현재 대기 중에 축적되어 문제를 일으키고 있는 온실가스는 대부분 선진국들이 경제 성장을 하기 위해 배출한 것입니다. 그러니까 선진국이 개도국에게 지금의 기후 변화에 똑같이 공동 책임을 져야 한다고 주장하는 것이 옳은가요? 그렇지만 기후 변화는 한쪽에서만 막는다고 막아지는 것이 아니잖아요. 지구 전체가 공동으로 대응해야 간신히 막을까 말까 할 수 있잖아요. 자, 여러분이라면 누구의 편을 들어줄 건가요? 우산 장수 손을 들어줄 건가요, 소금 장수 손을 들어줄 건가요.

세 번째 문제는 사람들 인식의 문제예요. "법은 멀고 주먹은 가깝다"는 말처럼 사람들은 눈앞에 닥친 문제에만 관심을 갖고 먼 미래를 준비하지 않는 것이 문제이지요. 지금 기후 변화로 해수면이 올라가고, 생태계가 파괴되고, 사막이 넓어지고 있습니다. 그런데 사람들은 이 모든 일들이 지금 당장 눈에 보이지 않기 때문에 아주 먼 미래의 일, 아니면 먼 나라에서 일어나는 일쯤으로 생각합니다. 게다가 시도 때도 없이 기후 변화의 공포를 이야기하다 보니 오히려 공포에 내성이 생기게 되었어요. 국제 사회도 미래를 준비하기보다는 눈앞의 작은 이익에 더 빨리 민감하게 반응하고 있고요. 그래서 쉽게 국제 협약을 맺지 못하고 있는 겁니다.

거대 지구 공학 기술로 지구를 살릴 수 있을까?

"화이트닝 하세요. 미백 효과." 이런 문구는 화장품 광고에서나 볼 수 있는 말인 줄 알았는데, 꼭 그렇지만은 않더라고요. 만약에 도시의 모든 건물과 지붕을 하얗게 페인트칠해서 화이트닝을 한다면 태양빛을 잘 반사할 수 있어서 지구 온도를 낮출 수 있지 않을까요?

실제로 과학자들 사이에서도 이런 논의들을 하고 있답니다. 피나투보 화산이 분출했을 때 화산 가스 속에 있던 황산 에어로졸 때문에 냉각 현상이 일어났는데 여기에서 아이디어를 얻어 인공 화산을 분출시켜 황산 에어로졸을 많이 뿌리자는 이야기도 있어요. 지구의 기온 변화를 예측하는 논문에서 "황산 에어로졸의 냉각 효과"라는 단어가 유행어처럼 쓰이는 것을 보면 꽤 영향력이 있는 것 같습니다. 하여튼 이런 것을 지구 공학Geo-Engineering이라고 합니다. 영국왕립학회에서는 지구 공학을 "지구 온난화를 누그러뜨리기 위해서 지구의 기후 시스템에 정교하면서 대규모적으로 개입하는 것"이라고 정의했답니다. 지구 공학에서 주장하는 기후 변화를 막는 방법은 크게 두 가지로 나눌 수 있는데 하나는 태양빛을 막는 방법이고, 다른 하나는 대기 중의 이산화탄소를 제거하는 방법이에요.

햇빛을 차단하는 방법으로는 앞에서 이야기한 인공 화산 분출 방식으로 대기 중에 황산염을 대규모로 살포하는 것이 있고, 또 바닷물을 이용해서 구름을 만드는 것이 있어요. 바닷물에는 소금 입자가 있기 때문에 바닷물을 작은 물방울 상태인 에어로졸로 만들어 공기 중으로 뿌리면 구름이 훨씬 더 잘 만들어진답니다. 소금 입자가 물방울이 달라붙을 수 있는 응결핵 구실을 하기 때문이지요. 지구 공학에서는 소금이 응결핵 구실을 할 수 있다고 기대하며 바닷물을 분사하는 방법을 이야기하고 있어요.

두 번째로 이산화탄소를 제거하는 방법으로 광합성을 이용하는 방법이 있는데, 대규모의 광합성을 일으킬 만한 장소로 어디가 좋을까요? 네, 바다랍니다. 바다에 광합성을 하는 식물성 플랑크톤을 엄청나게 번식시켜서 대기 중의 이산화탄소를 흡수하게 만들자는 겁니다.

플랑크톤을 대량으로 번식시키기 위해 바다에 비료를 주기적으로 뿌리자는 주장도 있고, 200m 이하 중층의 바닷물을 끌어올려 표층에 영양을 공급하자는 연구도 있습니다. 이산화탄소를 잘 흡수하는 물질을 붙인 기둥이나 인조 나무를 수천만 그루 세우자는 연구도 있어요. 또 바이오-숯을 사용하자는 연구도 있어요. 숯은 산소가 없는 곳에서 나무를 태워서 만들어요. 산소가 없으니까 연소되는 과정에서 이산화탄소가 발생하지 않지요. 또 나무는 자라면서 이산화탄소를 흡수합니다. 나무는 이산화탄소를 저장하는 통조림인 셈이지요. 바이오-숯 방법은 나무로 만든 숯을 미세하게 가루로 만들어 땅에 뿌리자는 거예요. 땅속에 들어간 숯이 오랜 시간 동안 탄소를 대기 중에 배출하지 않고 그대로 가지고 있다는 주장이지요. 이것을 위해 엄청나게 넓은 토지에 나무를 심고 그 나무를 모두 숯으로 만들자고 합니다.

어떤가요? 그럴 듯한가요? 지구 공학의 연구에 조직적으로 반대하는 사람들이 있는데 그들은 "어머니 지구에게 하는 해적질을 멈추어라Hands Off Mother Earth(약자로 H.O.M.E)"고 캠페인을 벌이고 있습니다. 이 단체에서는 유엔이 생물다양성협약에 관한 결정문을 발표할 때 지구 공학 프로젝트와 실험에 대한 부정적인 입장도 공식적으로 함께 밝혔어요.

이들이 왜 지구 공학 연구를 반대하는지 이유를 들어 볼까요? 지구 공학 연구는 실험해 볼 수 없는

게 문제라고 이야기합니다. 위험할 수도 있는 실험을 밀폐된 실험실에서 하는 것과는 상황이 다르다는 것이지요. 지구 공학 실험은 지구 전체를 대상으로 하고 있고 또 그 대상인 기후와 생태계는 매우 복잡한 작용과 관계 속에서 균형을 유지하고 있어요. 그런데 이 기후와 생태계에 어떤 영향을 줄지 예측할 수 없는 실험을 한다는 것, 그것 자체가 무모하다는 것이지요.

예를 들어 남극의 바다에 비료를 뿌려서 대량으로 플랑크톤을 번식시켰다고 합시다. 광합성 양이 상당히 증가하겠지요. 그 과정에서 흡수된 이산화탄소는 바다로 녹아들어 갈 것이고요. 지금도 바다가 산성화 되는 것을 걱정하는데 그러면 더 빠른 속도로 산성화될 거예요. 또 1차 생산자가 대량으로 번식할 경우 바다 생태계에 아무런 문제가 없을까요? 인공 화산으로 황산 에어로졸을 대기 중에 방출해서 급격한 냉각이 일어났을 때 지구 생태계는 안전할까요?

체르노빌 원자력 발전소 폭파 사건이나 후쿠시마 원전 사고, 멕시코 만의 심해 유전 개발 과정에서 일어난 대규모 기름 유출 사건 같은 규모가 큰 온갖 사고와 시도들은 늘 위험한 상황이 일어날 가능성이 있습니다. 만약에 지구 기후와 전체 생태계를 대상으로 대규모 실험을 했을 때 위험한 일이 생기면 어떻게 대처할까요? 게다가 지구 공학 기술은 자본이 튼튼한 대기업에서 추진하는 경우가 많습니다. 물론 이것을 추진하는 대기업에서는 당연히 이 기술에 대한 특허를 신청하겠지요. 그렇다면 지구 공학 기술이 성공한다 하더라도 가난한 나라에서는 비용이 너무 비싸서 이용할 수 없을 거예요. 또 군사적으로 이용할 가능성도 많습니다. 베트남전에서 미군이 기상을 조작한 일이 있지요. 지구 공학 기술을 어떻게 해야 할지 그 판단은 미래 세대의 주인인 여러분과 함께 고민해야 하는 일입니다.

우리네 시골 할머니의 적정 기술

언젠가 시골에 갔을 때예요. 차창에 머리를 기대고 꾸벅꾸벅 졸고 있었지요. 햇살은 따뜻하고 시골길에는 파리 새끼 한 마리 얼씬거리지 않았어요. 차창 밖의 풍경은 논, 그다음 밭, 또 밭, 논 이렇게 심심했어요. 그런데 그때 번쩍, 신기한 게 보였어요. 거동이 불편한 할머니 한 분이 뭔가를 밀면서 걸어가고 있는 겁니다. 그건 마치 유모차처럼 생겼어요. 가만히 살펴보니 할머니가 거기에 기대서 걷고 있는데, 그 안에는 밭에서 거둔 상추며, 고추가 가득 들어 있어요. 버스가 휘이익 지나가는 바람에 자세히 못 봤지만 아이디어가 좋다고 생각했어요.

볼일을 다 보고 터미널에 갔는데 또 그게 보이는 겁니다. 이번에는 말쑥하게 차려입으신 할머니가 그것을 밀고 가는데 가까이서 보니 진짜 유모차예요. 아니 정확하게 말하면 시트를 걷어 내고 뼈대만 남은 유모차지요. 아하, 버려진 유모차를 이렇게 훌륭하게 재활용하고 있구나, 무릎을 쳤습니다. 도시에서 노인들이 쓰는 보행 보조기는 한눈에 보기에도 비싸 보이잖아요. 가볍고 튼튼한 알루미늄을 이용해서 날렵하게 만든 거니까. 그렇지만 도시에서 본 그놈이랑 여기 촌에서 본 이놈이랑 하는 일은 똑같아. 오히려 촌의 이놈은 간단한 물건을 실어 나르는 일까지 덤으로 합니다. 야, 이런 게 생활 속의 발견이고 꼭 필요한 곳에 꼭 맞춤으로 있는 적정한 기술이구나 싶었습니다. 기술이란 인공위성이나 반도체를 만드는 것이어서 우리들이 쓰는 생활용품하고는 거리가 있다고 생각했는데 말이에요 그때 유모차를 개량해서 만든 보행 보조기를 보고 난 뒤부터 전국 어디를 가도 쉽게 똑같은 걸 볼 수 있었어요.

기술의 전파 속도는 무엇에 비례하는 걸까요? 노인분들이 전국적인 네트워크나 전파력 좋은 SNS에 가입해서 활동하는 것도 아닐 텐데, 어떻게 짧은 시간 안에 전국적으로 전파되었을까? 그건 바로 적당하고, 누구나 그 기술을 적정하게 쓸 수 있기 때문입니다. 유모차를 개량한 보행 보조기는 재료를 손쉽게 구할 수 있고, 누구나 만들 수 있지요. 시트만 벗겨 내면 그만이니까요. 제 구실을 훌륭하게 해내고, 고장 날 것도 없지만 만약 고장이 나도 쉽게 고치거나 쉽게 다른 것으로 바꿀 수 있어요. 에너지를 더 쓰지 않아도 되고, 다른 자원을 더 쓰지 않고도 만들어 쓸 수 있지요. 바로 이런 이유 때문에 유모차 보행 보조기가 순식간에 전국으로 퍼지게 된 겁니다. 기술의 적적성이 이 기술을 순식간에 전국으로 퍼지게 한 거지요

지속 가능한 적정 기술들

천장에 달린 물램프

지구를 살리기 위해 전 세계 사람들이 머리를 맞대고 있어요. 브라질의 상파울루에서는 재미있는 전구를 많이 쓴다고 해요. 투명한 페

트병에 물을 채워 넣고 필름 통으로 입구를 단단히 막은 다음 천장에 딱 맞는 구멍을 뚫어 이 물병을 끼워 넣는 거예요. 그렇게 하면 태양빛이 물을 통해 모아져 실내를 비춘답니다. 우습게 보면 안 되는 게 50와트 정도 전력을 소비하는 전구만큼 밝다고 해요.

아프리카 어린이들을 위한 축구공 램프

하버드대학 학생들이 전기를 생산하는 축구공을 만들었어요. 축구공 안에는 자석과 구리 선 뭉치가 들어 있는데, 공이 굴러가면 안에 들어 있는 자석이 흔들리면서 전기를 만들어 낸답니다. 손을 써서 충전하는 손 발전기 원리와 같습니다. 손 발전기를 축구공 안에 집어넣었다고 생각하면 되겠지요. 물론 전기를 저장하는 장치는 따로 만들어야 하겠지요.

축구공 램프

히포 롤러 물통

아프리카나 인도의 가난한 곳에서는 무거운 물통을 이고 지고 물을 긷는 것으로 하루를 시작합니다. 여성이나 어린이들이 물을 긷는데, 무거운 물통을 나르는 건 쉬운 일이 아니에요. 물통을 쉽게 나를 수 있도록 굴러가는 바퀴 모양으로 만든 게 '히포 롤러 물통'이에요. 어때요? 왼쪽 사진에서 물통을 굴리며 걸어가는 아이들과 여성들의 발걸음이 가벼워 보이지 않나요?

라이프 스트로우

해마다 150만 명이 더러운 물 때문에 설사병을 앓다 죽어 가고 있습니다. 그곳에는 '라이프 스트로우'가 정말 필요하겠지요. 라이프 스트로우는 점점 촘촘해지는 필터들을 차례로 통과하면서 물을 정화하

히포 롤러 물통

는 빨대입니다. 오염된 물이 1단계로 0.1mm가 넘는 이물질을 걸러 내는 섬유 필터를 지납니다. 2단계에서는 아주 촘촘한 폴리에스테르 필터가 기생충, 박테리아, 바이러스까지 걸러 줍니다. 그다음 단계로 요오드 알갱이가 들어 있는 요오드 필터를 지나는데 이때 바이러스와 여러 가지 기생충 같은 남아 있는 박테리아가 죽습니다. 마지막으로 활성탄 필터를 지나면 요오드 냄새가 없어지고 남아 있는 기생충들이 죽게 됩니다.

이 필터들은 소가 금방 싼 똥을 빨아들여도 신선한 물만 뽑아낼 수 있다고 해요. 이 필터들은 입으로 가끔 불어 주기만 하면 1년 넘게 쓸 수 있답니다. 오랫동안 쓰지 않을 때는 잘 말려서 습기가 적은 곳에 보관하면 됩니다. 2달러 정도면 만들 수 있어요. 파키스탄과 가나, 우간다 같은 나라에 보급하고 있어요.

라이프 스트로우

간이 이동식 냉장고

흙로 만든 좀 작은 항아리와 그보다 큰 항아리 두 개를 준비해서 작은 항아리를 큰 항아리 안에 넣어요. 그리고 항아리 사이를 흙으로 채우는 거예요. 그러면 끝이에요. 더운 날씨에 무르기 쉬운 채소나 과일을 항아리 안에 넣어 두세요. 잠깐, 채워 둔 흙에다 물을 뿌리는 것을 잊어버리면 안 돼요. 이제 이동식 냉장고가 작동하기 시작합니다. 물은 증발하면서 열을 빼앗아 갑니다. 우리가 여름철에 팔에 물을 바르면 시원해지는 것처럼요. 토기에 뿌린 물도 증발하면서 열을 빼앗아 가고 열을 빼앗긴 토기는 낮은 온도를 유지하며 채소와 과일을 신선하게 보관하는 거지요. 정말 간단하고, 누구나 만들 수 있고, 꼭 필요한 에너지만 쓰는 적당한 기술이지요.

음식물 쓰레기 바이오 가스 장치

서울에 있는 난지도 쓰레기 매립장은 공원이 되었습니다. 하지만 아직도 지하에서는 메탄가스가 생기고 있어요. 그래서 가스를 모아서 빼내는 장치들이 있지요. 박테리아가 음식물 쓰레기나 똥과 같은 유기물들을 분해하는데 이때 메탄가스가 생깁니다. 메탄가스는 불이 잘 붙고 그을음이나 연기가 없어서 부엌 연료로 쓰기에 적당합니다. 또 분해되고 남은 찌꺼기는 비료로 쓸 수도 있지요. 인도 가정에서는 조리 기구의 연료로 사용할 수 있는 가정용 바이오 가스 장치들을 쓰고 있어요. 잘게 자른 음식물 찌꺼기 1.5kg에 물을 적당하게 붓고 이틀쯤 지나면 분해가 되어 메탄가스가 만들어진답니다.

바이오 가스 장치

나누는 과학 기술—사단 법인 나눔과 기술

사단 법인 '나눔과 기술'에서는 해마다 소외된 90%를 위한 창의적인 공학 설계 경진 대회를 열고 있어요. 기독교를 믿는 과학자들이 모여 만든 단체인데, 아프리카나 제3세계에 필요한 과학 기술을 창의적으로 설계해서 보급하고 있어요. 이 창의적인 공학 설계 대회에 가면 번뜩이면서도 따뜻한 기술들을 만나 볼 수 있지요.

연필을 구하기 힘든 지역의 어린이들을 위해 진흙과 숯으로 만드는 연필을 개발했어요. 물을 끌어와 밭에 물을 주는 자전거도 있지요. 병원에서 링거를 꽂고 있으면 움직이는 게 불편하잖아요. 그래서 링거를 걸어 놓은 스탠드가 사람이 움직일 때마다 잘 따라올 수 있게 만든 장치도 있어요. 시골에 심심치 않게 등장하는 멧돼지 쫓는 법까지 정말 다양한 아이디어들이 넘쳐 난답니다. 최근에는 난로의 연통에 부착해서 좀 더 따뜻하게 만들어 주는 맥반석과 진흙을 채워 넣은 휴대용 온돌기를 개발해서 몽골에 보급하고 있답니다.

로켓 보일러를 사랑하는 집 짓는 아저씨

'흙부대 생활기술 네트워크'라는 사이트가 있어요. 자연에 이로운 생활 기술과 집 짓는 방법을 공유하는 사이트예요. 김성원 씨는 이 사이트를 운영하는 사람인데 황토 집 짓는 기술과 효율 좋은 벽난로와 화덕 기술을 나눠 주고 있어요.

양파 자루처럼 생긴 것이 원통형으로 연결되어 있는데 이 자루에 흙을 채워 넣고 벽돌 대신 쓰는 거예요. 황토를 채워 넣은 긴 자루를 집의 기초를 따라 빙빙 돌려 쌓는 방식이지요. 벽돌을 한 장 한 장 쌓지 않아도 되고, 황토 벽돌을 만드는 것만큼 시간이 많이 걸리지 않으니 금세 집 한 채 뚝딱 짓겠어요. 김성원 씨가 운영하는 네이버 카페(http://cafe.naver.com/earthbaghouse)에서는 사람들이 서로의 기술을 공유하고 좀 더 나은 기술로 발전시키고 있어요. 기술을 실천해 보면서 끊임없이 업그레이드하고 있는 셈이지요.

살둔의 제로에너지 하우스

강원도 살둔 마을에 가면 캠프장 옆에 스케이트장과 썰매를 탈 수 있는 곳이 있어요. 거기서 10분만 들어가면 패시브 하우스가 한 채 있어요. 패시브passive는 간접적이라는 뜻이에요. 무엇을 간접적으로 사용한다는 뜻일까요? 집 안의 온도를 적정하게 유지하기 위해 간접적인 방법을 쓴다는 거예요. 직접적인 난방이나 냉방 장치를 거의 가동하지 않고도 실내 온도를 유지할 수 있는 집을 패시브 하우스라고 해요. 에너지를 꼭 필요한 곳에만 한정해서 쓴다는 거지요. 집을 따뜻하게 만드는 데 쓰는 에너지가 보통 집의 1/20밖에 되지 않는답니다.

나도 가지고 있는, 기후 변화를 막는 적정 기술 스무고개

'나도 가지고 있는 적정 기술'이 어떤 것인지 알기 위해 스무고개를 하려고 합니다. 살짝 힌트를 드리죠. '이것'은 지금 문제가 되고 있는 기후 변화를 막는 데 유용한 구실을 할 수 있습니다. 가수 이문세 씨의 14집 앨범 제목이기도 합니다. 자, 이제 스무고개를 시작합니다.

첫 번째 질문 제도인가요? 물건인가요?

첫 번째 대답 물건입니다.

두 번째 질문 최근에 새롭게 발전한 과학 기술이 적용된 것입니까?

두 번째 대답 새로운 과학 기술은 아니지만 과학적 원리가 숨어 있습니다.

세 번째 질문 물리, 화학, 생물, 지구과학 영역 가운데 어떤 영역의 원리가 숨어 있나요?

세 번째 대답 물리 영역이라고 생각합니다. 좀 더 힌트를 드리면 열의 이동, 다시 말해 전도 대류 복사와 관계가 깊습니다.

네 번째 질문 남자와 여자 가운데 주로 누가 사용합니까?

네 번째 대답 남자와 여자 모두 다 사용할 수 있으며 다양한 사람들이 사용합니다.

다섯 번째 질문 나이가 많은 분과 젊은이 중 누가 주로 사용합니까?

다섯 번째 대답 노소를 불문하고 사용할 수 있습니다만, 나이가 많은 세대에서 더 많이 사용합니다. 그러니까 스마트폰이 아닌 것은 분명합니다.

여섯 번째 질문 자기 혼자만 쓰는 것입니까? 아니면 화장실의 휴지처럼 공공물이어서 여러 사람이 함께 사용합니까?

여섯 번째 대답 기본으로는 개인 소유입니다만, 상황에 따라 여러 사람이 사용할 수 있습니다.

일곱 번째 질문 가격은 어느 정도입니까?

일곱 번째 대답 글쎄요. 차이가 많이 납니다. 1만 원대부터 10만 원대까지 있는 것으로 알고 있습니다.

여덟 번째 질문 크기는 얼마만 한가요?

여덟 번째 대답 크기는 다양합니다. 50cm부터 2m 이내입니다.

아홉 번째 질문 우리나라에서는 언제부터 사용하기 시작했나요?

아홉 번째 대답 삼국 시대 때부터 사용했다고 기록에 나와 있습니다.

열 번째 질문 기후 변화를 막는 데 유용한다고 했는데요, 탄소 배출을 줄여 주는 것인가요? 아니면 에너지 효율을 높여 주는 것인가요?

열 번째 대답 이것이 있기 때문에 탄소 배출을 줄일 수 있습니다.

열한 번째 질문 탄소 배출을 얼마나 줄이나요?

열한 번째 대답 이산화탄소 462만 톤을 줄이고 에너지를 절약할 수 있어요. 우리나라 원화를 기준으로 한다면 1조 5천억 원을 절약할 수 있는 정도이지요. 또한 어린 소나무 16억 그루가 흡수하는 이산화탄소 양과 맞먹습니다.

열두 번째 질문 무슨 색입니까?

열두 번째 대답 온갖 색이 다 있습니다. 이것을 만드는 데 색깔은 그리 중요하지 않습니다만, 1960년대 우리나라에서는 붉은색이 대세였습니다. 예전에는 색을 입히는 기술이 떨어졌기 때문에 가장 구하기 쉬운 색이 붉은색이어서 근대화 이후 초창기에는 붉은색이 많았답니다.

열세 번째 질문 주로 어느 장소에서 사용합니까?

열세 번째 대답 집, 학교, 운동장 어디서나 사용이 가능합니다만, 주로 바깥 활동할 때 많은 사람들이 사용합니다.

열네 번째 질문 물건이라면 과학 기술이 발전해서 많이 개조되었을 것 같은데, 과거와 지금 이것은 어떻게 변했습니까?

열네 번째 대답 모양뿐만 아니라 만드는 재료까지 첨단 과학 기술 때문에 다양하게 변화, 발전했습니다.

열다섯 번째 질문 이것을 주로 사용하거나 수출하는 나라는 어느 나라입니까?

열다섯 번째 대답 이것들 중 남자들이 주로 사용하는 것은 우리나라가 중요 수출국입니다.

열여섯 번째 질문 더운 나라와 추운 나라 중 어디에서 주로 사용합니까?

열여섯 번째 대답 사람들은 추운 나라에서만 사용할 거라고 생각합니다만, 중동 지역에서도 즐겨 사용하고 있습니다.

열일곱 번째 질문 이것을 대체할 신기술이 생길 가능성이 있습니까?

열일곱 번째 대답 이것을 대체할 신기술이 생길 수도 있으나 신기술을 개발하는 데 드는 비용에 비해서 얻는 효과가 적습니다. 지금 기술이 적당하다고 봅니다.

열여덟 번째 질문 재활용할 수 있습니까?

열여덟 번째 대답 네, 재활용할 수 있어요.

열아홉 번째 질문 이것이 온도를 높이나요? 아니면 낮추나요?

열아홉 번째 대답 온도를 높입니다.

스무 번째 질문 사람의 신체나 건강에 직접 영향을 주는 것인가요?

스무 번째 대답 네, 사람의 신체와 매우 밀접한 관련이 있으며, 급격한 체내 혈관의 팽창과 수축을 막아 안면 홍조, 여드름, 아토피 들의 증상을 막거나 완화하는 데 도움이 됩니다.

자, 스무고개가 끝났습니다. 여러분이 생각한 답은 무엇인가요?

딩동! 내복이랍니다.

우리가 살면서 쾌적함을 느낄 수 있는 실내 온도는 몇 도일까요? 영국에서는 17℃, 이라크에서는 32℃로 나라마다 차이가 있어요. 사람들이 쾌적하게 느끼는 기온 차이는 옷의 모양새, 건물 구조, 냉난방 같은 생활 습관 때문에 나라마다 달라요. 그러니까 쾌적한 실내 온도는 몇 도다 하고 딱 정해져 있는 게 아니랍니다. 우리가 내복을 입고 생활 습관을 바꾸면 쾌적함을 느끼면서도 실내 온도를 낮출 수 있게 되겠지요.

겨울철에 내복 한번 입어 보세요. 기후 변화는 북극곰만 아프게 하는 게 아니잖아요. 우리를 포함해서 지구에 사는 모든 생명들을 아프게 합니다. 이제 우리도 내복을 챙겨 입고 아파하는 모든 것을 위로하며 기후 변화를 막는 대열에 함께해요.

하나 더

지구 온난화를 둘러싼 찬반 논쟁

기후게이트와 빙하게이트, 웬 출구가 이렇게 많아?

"기후게이트 사건이 터졌습니다. 이스트앵글리아대학교 기후연구소에서 해킹당한 이메일에 의하면 지구 온난화 이론 지지자들이 여러 해 동안 지구 온난화 이론에 반대되는 자료를 숨겨 온 것으로 밝혀졌습니다. 뿐만 아니라 빙하게이트, 아마존게이트, 키위게이트, 수박게이트…… 앗, 죄송합니다, 수박게이트는 아닙니다. 온갖 게이트가 동시에 터졌고 이에 따라 지구 온난화가 사실이 아니라고 주장하는 과학자들의 목소리가 거세지고 있습니다. 무엇이 진실인지 아직 정확하지 않지만, 과학자들의 주장대로 현실이 바뀔 수 있다면 기후 변화가 일어나지 않는다는 주장이 맞았으면 좋겠다는 생각을 해 봅니다."

게이트? 게이트는 "출구"란 뜻인데, 다른 뜻이 있을까요? 정치나 경제 쪽에서 큰 사건이 터지면 "게이트"란 단어를 붙이는데 이것은 미국에 있는 워터게이트 사건 때부터 쓰기 시작했습니다. 닉슨 대통령 시절에 정치사에 기록될 만한 음모가 있었어요. 닉슨 대통령을 대통령에 재선시키기 위해 워터게이트 빌딩에 도청 장치를 한 겁니다. 반대파들의 회의를 도청하기 위해서였죠. 이 사건으로 닉슨 대통령은 미국 역사상 처음으로 대통령 임기 중에 물러났습니다. 이 사건이 있은 뒤부터 정치적으로 큰 사건이 터질 때마다 게이트라는 말을 붙이게 되었답니다. 그러면 기후게이트, 빙하게이트는 어떤 사건이 있었단 말일까요?

2009년, 영국의 대표적인 기후변화연구소인 이스트앵글리아대학교 기후연구소의 서버가 해킹을 당해 1,000여 통의 이메일과 각종 문서들이 인터넷에 공개되는 사건이 일어났어요. 공개된 이메일은 세계적으로 유명한 기후 변화 연구자들이 주고 받은 것들이었죠. 그 중에는 기후 변화가 일어나지 않는다는 주장을 뒷받침할 만한 자료가 있었어요. 사람들은 연구소 측에서 그동안 사실을 감춰 왔다는 것을 알고 큰 충격을 받았습니다. 물론 연구소 쪽은 사실이 아니라며 반박했지만 말이에요. 이 폭로 사건을 "기후게이트"라고 한답니다.

그런데 이 기후게이트가 일어난 지 한 달쯤 뒤에 "히말라야 빙하가 사라질 수 있다"고 경고했던 "유엔정부간 기후변화위원회IPCC"의 2007년 보고서 내용이 과학적 근거가 없다는 주장을 IPCC가 인정한 사건이 일어났지요. 1999년에 인도의 빙하학자 시에드 하스나인이 영국의 과학 전문지 〈뉴사이언티스〉와 한 인터뷰에서 "앞으로 40~50년이면 히말라야 중부와 동부에 있는 모든 빙하가 사라질 수 있다"고 했는데, 2007년 IPCC는 이 인터뷰 내용을 아무런 검증 없이 보고서에 포함시켰답니다. 과학자가 인터뷰 때 한 이야기를 과학 연구의 기본 자료로 그냥 사용했다는 것이지요. 이 사건은 이름을 뭐라고 붙였을까요? 빙하와 관련이 있으니까 '빙하게이트'라고 한답니다.

이 사건 이후로 IPCC의 연구 결과는 온갖 의혹에 시달렸습니다. 네덜란드 국내 총생산의 65%가 침수 위험이 있는 저지대에서 나온다는 연구 결과, 2020년까지 북아프리카 식량 생산량이 50% 줄어들 수 있다는 내용, 지구 온난화로 강우량이 줄면 아마존 열대 우림의 40%가 사라질 수 있다는 IPCC의 경고도 과학적 사실과 맞지 않다는 의혹을 받았답니다. 그래서 지구 온난화에 동의하지 않던 쪽에서는 이런 사건들 하나하나마다 아마존게이트니, 아프리카게이트 같은 이름을 붙여 언론에 발표했답니다.

지구 온난화를 둘러싼 진실 공방은 아직도 끝나지 않았답니다. 어느 쪽이 진실일까요? IPCC가 발표한 2,800쪽의 보고서* 가운데 과학적 검증을 받지 않은 민간단체 보고서를 인용한 부분은 딱 두 문장입니다. IPCC의 보고서는 방대한 양이며 많은 과학자들이 참가해서 검증을 한 것인데, 문장 몇 개가 잘못됐다고 보고서 전체가 다 틀린 것처럼 주장하는 것은 너무 심한 게 아닐까요? 하지만 과학 연구를 발표할 때 자료를 조작하거나 검증되지 않은 자료를 세상에 내놓는 것은 잘못된 일입니다. 게다가 과학자들이 자신의 의도에 맞춰 자료를 편집했다면 심각한 일이지요.

기후게이트 사건의 영향 때문이었을까요? 이 사건 뒤에 열린 IPCC 코펜하겐 기후 회의*에서는 기후 변화를 완화시키거나 막을 수 있는 협정을 맺지 못한 채 폐회를 했습니다. 물론 온갖 게이트의 영향 때문인지, 코펜하겐 기후 회의에 참가한 나라들이 자기들의 이익을 너무 주장해서 일어난 일인지는 잘 모르겠지만요.

* 2007년 IPCC 보고서는 전 세계에서 참여한 450명의 주 저자와 800명의 보조 저자들이 함께 썼다. 이 초고를 전문가 2,500명이 검토해 9만 개의 논평을 냈고 그것을 반영해 최종 원고를 썼다. 참고 문헌 인용 건수는 1만 8,000건이다. 참고 문헌 대부분은 엄격한 전문가 심사를 받아 과학저널에 발표된 것들이다. 그 과정을 거쳐 나온 보고서에서 "화석 연료에서 나온 이산화탄소가 온난화를 일으키는 확률이 90~95%"라고 결론지었다.

(반대) 하키 스틱 그래프는 지구가 더워진다는 것을 지나치게 부풀려 표현한 거야. 1,000년 전 중세 유럽도 지금처럼 기후는 온난했었다고!

기후 변화가 진행되고 있다고 주장하는 과학자들이 내세우는 그래프가 있어요. "하키 스틱 그래프"이지요. 지구의 기온이 산업 혁명을 지나며 급격하게 올라가고 있다며 기온 변화를 그래프로 그린 건데 모양이 마치 하키 할 때 쓰는 스틱 같아요.

그러나 그건 좀 지나치게 부풀려 표현한 것 같아요. 기후 변화가 일어나는 것이 사실이 아니라고 주장하는 우리 과학자들은 중세 유럽의 기온 그래프를 내놓습니다. 중세 시대에도 일정한 기간 동안 북반구 유럽은 지금처럼 기온이 온난했었거든요. 일정 기간 동안 온난했을 뿐 다시 예전으로 돌아갔지요.

뭐, 다들 서로 다른 그래프를 내밀며 자기네 주장이 옳다고 우기고 있는 상황이지요. 너희 석유 기업한테서 돈 받고 기후 변화가 일어나는 게 아니라고 하는 거 아니냐, 아니다 너희들이 부풀려서 이야기하는 거다, 이렇게 말싸움들을 하고 있어요.

(찬성) 중세에 유럽의 기온이 온난했다고 해서 지구 전체가 다 온난했던 건 아니잖아. 우리가 걱정하는 건 지구 전체가 온난화 되는 것이라고!

중세 유럽의 온도가 높았다고 해서 고려 때 우리나라의 온도도 높았을까요? 그건 기록이 없어서 판단할 수가 없어요. 오래전부터 날씨를 관측했던 유럽에만 기록이 남아 있거든요. 그러니 중세 유럽의 기

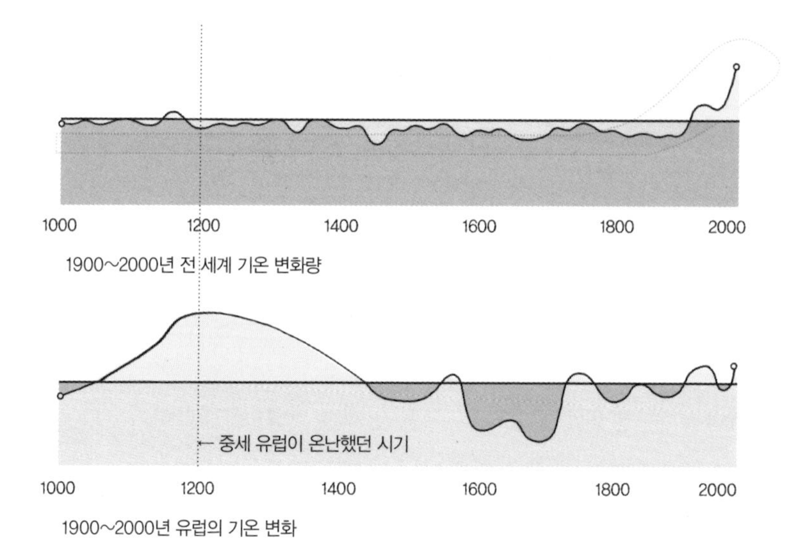

1900~2000년 전 세계 기온 변화량

1900~2000년 유럽의 기온 변화

위의 하키 스틱 그래프를 보면, 일정한 수준을 유지하던 지구의 온도가 20세기 후반에 들어 가파르게 올라가고 있다. 이는 산업 혁명 이후 인간이 만들어 낸 탄산가스의 온실 효과 때문에 지구가 더워졌다는 사실을 뒷받침한다. 한편, 지구 온난화 주장에 회의적인 과학자들은 1200년 중세 유럽은 더웠지만 다시 평년 기온을 되찾았다고 주장한다.

온이 온난했다고 그 당시 전 세계의 기온이 온난했다고 이야기할 수는 없겠지요. 그러니 중세 유럽의 기온이 온난했다는 자료만으로 기후 변화를 반대하는 건 좀 무리가 있다고요.

(반대) 걱정 마. 지구는 스스로 치유할 능력이 있어

지구는 스스로를 치유하는 능력, 다시 말해 자정 능력이 있다고 해요. 살아 있는 생명체처럼 지구도 문제가 생겼을 때 스스로 고쳐 나갈 수 있는 능력을 가지고 있어요. 그러니 지나치게 걱정할 거 없어요. 예를 들어 오염 물질이 생태계 안으로 들어오더라도 시간이 지나면 점점 농도가 묽어지고, 비나 눈에 쓸려 강이나 바다로 흘러가면 아주 작은 미생물들이 그 오염 물질을 분해할 거예요. 지구도 오염 물질을 분해하는 자정 능력이 있으니 변화하는 기후도 지구가 스스로 대응할 거예요. 그러니 너무 걱정할 필요가 없어요.

(찬성) 아냐. 그것도 어느 선을 넘으면 한계에 도달할거야

고무줄을 계속 당기면 끝까지 무한정 늘어나기만 할까요? 더 이상 늘어나지 않는 지점이 있지요. 그걸 임계값, 또는 문턱값이라고도 해요. 그 값을 넘으면 고무줄은 끊어져서 탄성을 잃어요. 지구도 마찬가지랍니다. 자정 능력이 있지만 거기에도 한계가 있습니다. 오염 물질이 점점 늘어나면 더 이상 정화되지 못하고, 그러면 오염 물질은 분해되지 않고 생태계 안에 쌓이는 것이지요.

생태계의 다른 생물들이 수천만 년 동안 땅속에 묶어 두었던 탄소를 우리들이 석유나 석탄을 엄청나게 써 대어 대기 중으로 이산화탄소 형태로 내보냈습니다. 산업 혁명 이후 불과 200년 만에 자원이 곧 바닥날 거라고 걱정할 정도이니 지구가 버틸 수 있는 한계를 넘었다는 게 무리한 주장은 아니지요. 그러니 대책이 필요해요.

(반대) 정말로 지구 온도가 올라간 걸까? 사실 지구 온도는 표면에서 재면 온도가 올라간 것으로 나오지만, 인공위성 자료를 보면 달라. 오히려 오랜 시간 동안 조금씩 온도가 내려갔다고 나오는걸

지구의 온도를 측정하는 위치에도 문제가 있을 수 있어요. 지상에서 온도를 관측하는 관측소들이 대부분 대도시 주위에 많기 때문에 마치 지구의 온도가 높아진 것처럼 보일 수 있어요.

기후 변화를 관측하기 위해서 100년 이상의 기간 동안 축적된 기온 변화 자료를 검토합니다. 100년 전 한적한 시골에 세워진 기상 관측소가 세월이 흐르면서 그곳이 도시가 되거나 도시와 아주 가까워지면서 기온이 높게 측정되어 마치 기후 변화가 일어난 것으로 착각할 수 있는 거지요. 보통 도시는 인구가 많고 아스팔트나 콘크리트에서 내뿜는 열기 때문에 교외보다 온도가 높아요. 이런 현상을 열섬 현상이라고 하죠. 반대로 높은 곳에 있는 기상 관측소의 자료나 대기 중에 띄워 올린 기상 관측 기구인 라디오존데 같은 데서 관측한 기상 자료를 보면 아주 조금이지만 기온이 내려갔어요.

(찬성) 아냐. 지구 온도 관측소는 해수면에도 있고 곳곳에 있어. 제대로 조사하고 있다고!

대도시의 온도가 열섬 현상 때문에 높은 것은 맞지만, 기온을 살피는 관측소는 곳곳에 있어요. 그러니까 지구 전체에서 고르게 조사를 하고 있단 말입니다. 그리고 대기 상층의 기온은 변화량이 너무 작아서 의미 있는 연구 결과로 볼 수 없어요.

(반대) 기후 변화가 일어나고 있다고 주장하는 과학자들 수가 훨씬 많다고 해서 '기후 변화가 사실'이라고 할 수 있을까? 과학적 사실은 다수결의 원칙으로 결정하는 게 아니라고!

2003년 독일에서 27개국의 기후학자 530명을 조사했는데 온난화 가설을 지지하는 과학자들이 34.7%였고 20.5%는 반대했으며 나머지는 결정을 내리지 못했다고 합니다. 또 2006년에 미국의 환경전문가 협회에 등록된 기후 전문가 793명을 조사했는데, 인간의 활동 때문에 지구 온난화가 일어날 가능성이 높다는 최근의 경고에 반대하는 비율이 41%였다고 해요. 이 조사 결과들을 보면 기후 변화가 일어나고 있다고 주장하는 과학자들이 많긴 하지만 그 주장에 반대하는 과학자들도 있는데, 그들의 수가 적기 때문에 주장이 틀렸다고 하는 것은 과학적인 판단이 아니지요. 옛날에 갈릴레이가 지동설을 주장할 때도 극소수의 주장이었지만, 그게 틀린 것이 아니었듯이 말이죠.

(찬성) 위험을 예방하자는 건데 어째서 문제라는 거지?

거꾸로 생각해 볼까요? 숫자가 적다고 틀린 게 아니라면 숫자가 많다고 틀린 것도 아니지요. 위험 비용이라는 것이 있잖아요. 파괴적인 피해가 있어날 수 있는 일은 미리 예방해야 하는데 기후 온난화로 일어나는 피해는 엄청나기 때문에 위험 비용이 크지요. 사전 예방 원칙은 국제 사회에서도 받아들여지고 있는 환경 정책 가운데 하나랍니다. 이런 것을 생각한다면 기후 변화를 막기 위해서 지금부터 행동하는 게 옳아요.

(반대) 이산화탄소가 많아진 이유가 인간이 화석 연료를 많이 써서 그렇다고 딱 잘라 말할 수는 없어

기후 변화가 일어난다고 주장하는 과학자들이 자주 이야기하는 그래프가 있어요. 지구의 기온이 올라가는 그래프와 함께 대기 중 이산화탄소의 양이 늘어나는 그래프예요. 기후 변화가 일어나지 않는다고 주장하는 쪽에서는 이 두 개의 그래프 수치가 함께 올라간다고 해서 이산화탄소가 지구의 기온을 올리는 증거라고 주장할 수 없다고 이야기하죠.

이건 닭이 먼저냐 알이 먼저냐 하고 같은 이야기인데요, 대기 중 이산화탄소의 양이 많아져서 기온이 올라간 것이 아니라, 기온이 올라가서 그 영향으로 대기 중의 이산화탄소가 많아졌다는 거예요. 태양 활동의 변화라든가 다른 이유로 기온이 올라가면 해수의 온도도 올라가고, 해수의 온도가 올라가면 기체의 용해도가 줄어들어 바닷물 속에 녹아 있던 이산화탄소가 대기 중으로 나오게 되거든요. 그러니까 인간이 화석 연료를 많이 써서 기온이 올라간 게 아닐 수도 있다, 태양 활동이나 다른 것이 원인일 수 있으니까 화석 연료 쓰는 걸 줄일 필요가 없다, 뭐 그런 이야기지요.

(찬성) 그렇다면 온도 변화와 이산화탄소가 아무 관계없다고 말할 수 있는 과학적 증거가 있어?

대기 중의 이산화탄소가 다른 이유 때문에 많아졌다 해도, 이산화탄소 양이 늘어난 것은 맞는 이야기이고, 게다가 산업 혁명 이후 석유나 석탄 같은 화석 연료를 많이 쓰면서 대기 중 이산화탄소의 양이 급격하게 증가한 것도 사실이지요. 그리고 이산화탄소가 지구가 내보내는 열에너지를 흡수하는 건 과학적으로 증명된 사실이고 과거에 기온이 높았을 때 대기 중 이산화탄소 양이 많았다면, 이 두 개는 깊은 관련이 있다고 보는 게 과학적인 판단이라고 할 수 있습니다.

(반대) 대기 중으로 올라간 아주 작은 물방울과 알갱이들이 햇빛을 막는 바람에 지구 온도가 낮아지는 일이 일어나고 있어. 그런데도 너희는 지구 온도가 올라가는 것만 얘기하는 거야?

1991년 피나투보 화산이 분출해서 화산재와 연기가 태양 에너지를 막아서 지구 온도가 0.2℃ 내려간 사실이 있어요. 그러니 온도가 올라가는 것만 있는 게 아니에요.

(찬성) 그건 일시적인 현상일 뿐이야. 작은 입자인 에어로졸이 대기 중에 올라가도 머무는 시간은 아주 짧다고

미국에서는 화산재나 연기 같은 에어로졸 입자가 태양 에너지를 막아 지구의 온도를 낮추는 현상을 연구하고 있어요. 그런 현상이 지구 온도에 영향을 주는 것은 사실이지만 온실가스인 이산화탄소가 대기 중에 머무는 시간은 100~200년이나 되기 때문에 에어로졸의 냉각 효과가 지구 온난화를 막을 수는 없어요.

(반대) 북극의 얼음이 녹아서 지구가 물에 잠긴다고? 엉터리 주장이야

북극의 얼음이 녹아도 해수면은 상승하지 않아요. 이것은 물과 얼음을 가득 넣은 컵에 얼음이 녹아도 물이 넘치지 않는 것과 같아요. 거대한 얼음 덩어리인 빙산이 바다 위에 떠 있는 이유는, 얼음이 바닷물보다 밀도가 작기 때문이죠. 빙산 전체의 무게와 물 속에 빙산이 차지하는 물의 부피만큼의 무게는 같아서 얼음이 다 녹아도 물의 높이는 변함이 없어요. 기후 변화를 주장하는 과학자들이 북극의 얼음이 녹으면 지구가 물에 잠길 거라고 말하는 것은 잘못된 주장이에요.

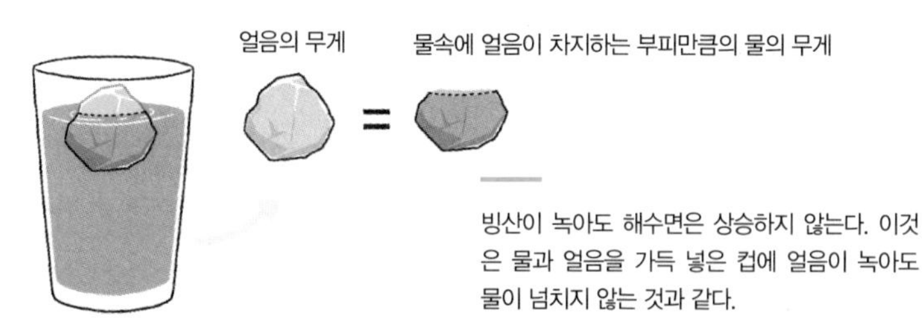

빙산이 녹아도 해수면은 상승하지 않는다. 이것은 물과 얼음을 가득 넣은 컵에 얼음이 녹아도 물이 넘치지 않는 것과 같다.

(찬성) 아냐, 그건 잘못 알려진 사실이야. 우린 그렇게 말하지 않았어

해수면이 높아지는 게 북극의 얼음이 녹아서 그렇다고 이야기한 것은 와전된 이야기예요. 실제로 해수면이 높아지는 것은 대륙 위에 얼어 있는 남극의 얼음이 녹을 때 생기는 현상이랍니다. 하지만 북극의 얼음이 녹는 것은 해수면 상승에 간접적인 이유가 되기도 해요. 빙산이 녹으면 물이 되고, 물은 얼음보다 반사율이 낮아 햇빛을 흡수하게 되어 바다는 더 따뜻해지거든요. 그러면 따뜻해진 바닷물은 부피가 팽창하게 되어 해수면을 상승시키죠.

요즘 유난히 겨울이 추워. 그런데도 '지구 온난화'라고 얘기할 수 있을까?

기후 변화를 둘러싼 논쟁은 끝이 나질 않을 것 같군요. 이쯤 해서 이야기를 마무리하고 우리나라 이야기를 해 볼까요?

2011년 겨울은 무척 추웠지요. 우리나라뿐만 아니라 북미 대륙에는 엄청난 폭설이 내렸어요. 한쪽에서는 지구 온난화를 이야기하고, 또 다른 쪽에선 이상 한파를 이야기하니 이상하지요.

예전에는 머리가
시원했는데 지금은
열이 나고…
이거… 상태를
보니 온난화에
걸린 것
같은데요.
가운데 배 근처가
배탈인 지
많이 차갑고
살살 아파요.

평상시 제트 기류의
강한 바람은 북극의
차가운 공기를 가두어
두는 구실을 한다.
북극의
찬 공기
북극
약해진 제트 기류의
틈으로 북극의 차가운
공기가 남하한다.

지난겨울에 우리나라가 유난히 추웠던 건 지구가 더워져서 일어난 현상이랍니다. 지구의 온도가 올라가서 추위가 온다는 게 무슨 생뚱맞은 말일까요?

북반구의 중위도 상공에는 제트 기류라는 아주 독특한 바람이 불고 있어요. 이 제트 기류는 아주 독한 놈이에요. 속도도 굉장히 빠르고 힘도 세서 웬만해서는 그 기류가 변형되거나 사라지는 법이 없거든요. 비행기가 제트 기류에 들어가면 방향을 제대로 잡지 못할 정도예요.

제트 기류가 부는 까닭은 우리나라 날씨에 영향을 많이 주는 편서풍이 높은 상공에서 너울거리는 파동을 만들기 때문이에요. 이 파동이 대기의 흐름을 남북으로 흔들리게 만드는데, 남북으로 너울거리는 파동 가운데 가장 힘이 센 것이 제트 기류랍니다.

제트 기류 때문에 북극 지역의 차가운 공기는 남쪽으로 내려오지 못하고 북극에서만 빙글빙글 돕니다. 만약 이 제트 기류가 약해지게 되면 어떤 일이 일어날까요? 북극의 차가운 공기가 약해진 제트 기류를 밀고 남쪽까지 밀고 내려오게 된답니다. 2011년 우리나라 겨울이 무척 추웠던 까닭이 바로 제트 기류가 약해졌기 때문이에요. 우리나라뿐만 아니라 2011년 겨울에는 미국, 중국 같은 북반구의 여러 나라가 아주 매서운 겨울 한파 때문에 힘들어했답니다.

기온이 낮을 때 움츠러들어서 빽빽이 들어차 있던 북극 지역의 상층 공기들이 온도가 올라가면서 느슨해지고 약해졌어요. 이렇게 편서풍이 약해진 탓에 제트 기류도 약해지고, 줄줄이 약해진 기상 현상으로 북극의 차가운 공기가 남쪽으로 밀고 내려와 버린 것이지요.

기후는 아주 복잡한 기계와 같아요. 전 세계 손목시계 시장에서 1위를 차지하고 있는 시계가 스위스 시계예요. '시계는 디지털이 아닌 기계식 시계다'는 고집을 꺾지 않고 지금까지도 전통 방식으로 시계를 만들고 있답니다. 이 시계 내부를 열어 보면 손으로는 집을 수 없을 정도로 작은 부품들이 가득해요. 이런 작은 부품들이 서로 서로에게 물리고 물려 세상에서 가장 정확한 시계를 만들어 내는 것이지요.

기후 변화도 마찬가지랍니다. 시계 안에 있는 부품보다 더 많은 여러 가지 변화 요소들이 꼬리에 꼬리를 물고 얽혀 있어요. 그래서 지구 온난화라고 하는데 한파가 불어닥치기도 하고, 한쪽에서는 홍수가 나는데 또 다른 곳에서는 가뭄 때문에 고통스러워한답니다.

하지만 분명한 것은 최근에는 과거 기상 관측 기록을 깨는 최고의 더위와 최고의 추위와 최고의 태풍과 최고의 가뭄과 홍수가 계속 일어나고 있다는 것입니다. 기상학자들이 지금 당장 기상 이변이 지구 온난화 때문이라고 꼭 집어서 이야기할 수 없는 건 복잡한 기후의 특징 때문이에요. 하지만 분명한 것은 지구의 평균 기온이 올라가면서 대기를 통해 이동하는 열이 많아져 매우 추운 날씨와 매우 더운 날씨가 나타날 확률이 커지고 있지요. 그리고 지금 이 순간에도 이상 기상 현상으로 세계 곳곳에서 많은 사람들이, 그중에서도 가난하고 힘들게 살아가는 사람들이 더 많은 고통을 받고 있다는 사실입니다. 아울러 사람뿐만 아니라 우리와 함께 지구 생태계에서 살아가고 있는 많은 동식물들도 온갖 고통을 겪고 있어요.

그렇다면 기후 변화가 일어나고 있는 게 아니라는 사람들은 왜 그렇게 말하는 걸까요? 그 사람들은 기후 변화론자들이 기후 변화 현상을 부풀려 이야기한다고 보고 있어요. 게다가 이렇게 부풀리는 데는 언론이 한몫을 단단히 하고요. 기자들이 언론에 기사를 쓰면서 좀 더 자극적이고 사람들의 관심을 끌 만한 기삿거리를 찾아 발표하기 때문이에요. 또 기후 변화가 사회적인 논쟁거리가 되면서 기후 변화를 주장하는 과학자들이 정부나 기업의 연구비를 독차지하기 때문에 그쪽 연구만 활발해져 공평성을 잃고 있다고 주장해요. 이것도 영 틀린 이야기는 아닙니다. 또 환경 단체 중에서 좀 더 극단적인 단체들이 기후 변화에 대한 주장을 극단적으로 하고 있다고 말합니다.

그런데 좀 우스운 이야기 하나 할게요. 이렇게 기후 변화 주장이 잘못되었다고 이야기하는 기후 변화 회의론자들도 또 다른 기업이나 단체한테서 연구비며 다양한 지원금을 받고 있다는 거예요.

과학이 그 자체로만 존재할 수 없다는 걸 우리도 조금은 알고 있지만, 이 문제는 정치와 권력까지 결합하여 아주 복잡하답니다. 이 대목에서 "과학은 명백한 사실을 바탕으로 이야기하는 건데, 과학이 뭐 사회적 현상입니까? 권력이나 정치적인 입장에 따라 이랬다저랬다 하게"라고 이야기할 사람들이 있을 거예요. 그런데 꼭 그런 것만은 아니랍니다. 토마스 쿤Thomas Kuhn이 "과학도 과학자들 사회 속에서 만들어지는 사회적 현상이다"고 말했는데 사실 여부를 떠나서 과학자들 사이에서 밀고 당기는 논쟁이 있을 수 있습니다.

게다가 기후 현상은 다양한 해석을 할 수 있기 때문에 변화 여부를 판단하는 게 쉽지 않아요. 그러니까 이렇게 볼 수도, 저렇게 볼 수도 있다는 거지요. 왜냐하면 기후란 하루, 혹은 한 달, 혹은 일 년 안에 변화하는 게 아니거든요. 기후를 사전에서 찾아보면 오랜 기간 동안의 평균 날씨를 말하는데, 일반적으로 30년 동안의 평균을 이용한다고 나와 있어요. 그러니까 10~20년 전만 해도 기후 변화를 이야기하는 것 자체가 의미 없다고 말하는 과학자들이 나올 만하지요. 기후는 우리가 열 손가락으로 다 셀 수 없을 만큼 많은 요소들의 영향을 받고, 또 그 영향을 받는 과정이 매우 불확실하기 때문에 정확하게 예측하는 것이 어렵다는 거예요.

세상에 드러난 온갖 사건들 때문에 기후 변화를 주장하는 과학자들이 구설수에 오를 때 미국의 과학자 250명이 과학 잡지 〈사이언스〉에 '기후 변화와 과학 연구의 진실성'이라는 제목으로 성명서를 실었답니다.

마치 중세의 마녀사냥처럼 기후 변화를 연구하는 과학자들을 비판하고, 온갖 거짓말들을 만들어 내고 있지만 아무리 정치적으로 공격해도 인간이 기후 변화를 일으키고 있다는 주장에는 분명히 근거가 있고, 객관적인 주장이라고 이야기했어요. 그 성명서에서 변하지 않는 중요한 사실이라고 몇 가지를 밝혀 두었답니다.

(1) 지구는 대기 중에 열을 가두는 기체들(온실가스)의 농도가 조금씩 높아지면서 온난화하고 있다. 워싱턴에 폭설이 내릴 만큼 추운 겨울이 왔더라도 지구의 기온이 올라간다는 사실은 바뀌지 않는다.

(2) 지난 세기 동안 기체 농도가 증가한 것은 대부분 인간 활동이 원인이며, 특히 산림을 파괴하며 화석 연료를 써 댔기 때문이다.

(3) 지구 기후를 바꾸는 데 자연도 늘 일정한 구실을 했다. 하지만 지금은 인간이 일으킨 변화가 자연을 압도하고 있다.

(4) 지구 온난화는 지금까지는 볼 수 없었던 속도로 변화하며 여러 가지 다른 기후 현상들을 일으킬 것이다. 해수면 상승 증가율과 물의 순환 변화도 그런 현상 가운데 하나이다. 이산화탄소 농도가 진해지면서 바다는 더욱 산성화되고 있다.

(5) 이런 기후 변화는 해안 공동체와 도시, 식량과 물 공급, 바다와 민물 생태계, 산림, 산악 고지대의 환경을 위협한다.

성명서에서는 과학자들의 실수를 인정하지만, 그렇다고 기후 변화를 부정하는 생각이 사회에 널리 퍼지는 것은 무책임한 태도라고 말하고 있어요.

헷갈리는 김에 이 이야기도 들어 봐요. 아래 글은 기후 변화 이론에 회의적인 어느 과학자가 쓴 글이에요.

"우선 우리 인간 모두가 지구의 환경을 망가뜨린 주범으로 추락해 버렸다. 그동안 결코 녹록하지 않은 지구 환경에 적응하며 생태계의 치열한 생존 경쟁에서 어렵게 문명의 꽃을 피운 인류의 역사적 진실은 크게 왜곡되어 버렸다. 편리하고 풍요롭고 안전하고 건강한 삶을 추구했던 우리의 전통적인 생존 목표가 지나친 과욕에서 생겨난 비윤리적인 것으로 추락해 버렸다."

휴, 그럼 도대체 누구 말을 믿어야 할까요?

기후가 변화하는지 아닌지 과학적인 논쟁을 하는 것은 필요한 일이지요. 지금 일어나고 있는 사실을 정확하게 살펴야 미래를 준비할 수 있으니까요. 하지만 과학자와 정치가들이 이런 논쟁으로 시간을 끄는 동안에도 이상 기후로 집과 가족을 잃고 길을 떠나는 난민들이 생긴다는 사실을 잊어서는 안 됩니다.

어쩌면 지금 우리가 해야 할 일은 기후가 변화하느냐 아니냐 논쟁하는 것보다 우리 인간들이 지구에 해를 끼치는 일부터 줄여야 하는 게 아닐까요? 지금 볼리비아에서는 이 일을 시작했어요.

남아메리카 중부 내륙에 있는 나라, 볼리비아가 세계 최초로 '지구의 권리'를 법으로 정했다. 이 법은 인간과 동등하게 자연의 모든 권리를 법적으로 보호하기 위한 것이다.
'지구의 권리' 법에는 존재하고 생존할 권리, 진화하고 생명 순환을 지속할 권리, 깨끗한 물과 청정한 공기의 권리, 유전자나 세포가 조작되지 않을 권리 들이 있다. 이 법은 인간과 자연의 조화를 법으로 정했다는 데에 의미가 있다.

볼리비아는 기후 변화로 큰 피해를 입고 있는 나라 가운데 하나예요. 고대 잉카족의 후예인 이들은 그들이 모시는 태양신과 가장 가까운 곳, 그러니까 높은 고산 지대에 나라를 세워서 살고 있어요. 이들은 대부분 비탈진 산자락에 살고 있는데 최근에 전에 없던 폭우가 쏟아져서 산이 무너져 내리고 있어요. 살던 집터를 잃은 이들은 도시로 나가서 도시 빈민이 될 수밖에 없었지요. 또 농사를 짓던 농민들은 기온이 오르면서 생긴 온갖 병충해 때문에 과거처럼 수확을 거둘 수 없어졌답니다.

볼리비아 사람들은 오랜 옛날부터 지구를 어머니라고 생각해서 대지의 신 또는 어머니 지구라는 뜻으로 "파차마마Pachamama"라고 합니다. 그들은 전통적으로 지구를 모든 삶의 중심으로 여기고 경외심을 가지고 있습니다. 최근에 전통적인 어머니 지구에 대한 경외심을 법으로 성문화시켰어요. "어머니 지구의 권리"라는 법 조항을 새로 만들었답니다.

외무 장관 다비드 초케우앙카는 파차마마에 대한 전통적인 원주민들의 사랑과 경외심이 기후 변화를 막는 데 힘이 될 것이라고 이야기합니다.

"우리 할아버지, 할머니는 우리에게 이렇게 가르쳤습니다. 우리는

2010년 볼리비아에서 열린 '지구의 날' 행사. 사람들은 "어머니 지구의 권리"를 알리기 위해 행진을 했다.

하나의 큰 가족에서 한 부분이다. 그 큰 가족에는 식물과 동물 그리고 지구에 존재하는 모든 것들이 포함되어 있다."

식구가 아파하고 망가지는 것을 원하는 사람들은 없을 것입니다. 우리는 가족의 한 사람으로 다른 가족에게 피해를 입히는 일은 하지 말아야 하고, 또 막아야 합니다.

과학이라는 거인의 어깨 너머에 모든 생명체가 함께 살고 있는 지구를 귀중히 여기고, 자연을 존중하는 신앙이 있는 것이지요, 볼리비아에는 말입니다.